2018—2020

农田建设发展报告

农业农村部农田建设管理司

中国农业出版社

北　京

编辑委员会名单

主　任：张桃林

副主任：郭永田　陈章全　杜晓伟

　　　　吴洪伟　李建民　高永珍

委　员：（按照姓氏笔画排列）

　　　　王　征　卢　静　苏　葳　吴长春

　　　　何　冰　宋　昆　张　帅　陈子雄

　　　　郑　苗　赵　明　胡恩磊　侯淑婷

　　　　侯巍巍　袁晓奇　党立斌　唐鹏钦

　　　　董　燕　曾勰婷　楼　晨　黎晓莎

习近平总书记重要指示

要扎实实施乡村振兴战略，积极推进农业供给侧结构性改革，牢牢抓住粮食这个核心竞争力，不断调整优化农业结构，深入推进优质粮食工程，突出抓好耕地保护和地力提升，加快推进高标准农田建设，做好粮食市场和流通的文章，积极稳妥推进土地制度改革，加强同脱贫攻坚战略的有效对接，在乡村振兴中实现农业强省目标。

在河南考察时的讲话（2019年9月18日），新华网2019年9月18日

越是面对风险挑战，越要稳住农业，越要确保粮食和重要副食品安全。要在严格落实分区分级差异化疫情防控措施的同时，全力组织春耕生产，确保不误农时，保障夏粮丰收。要加大粮食生产政策支持力度，保障种粮基本收益，保持粮食播种面积和产量稳定，主产区要努力发挥优势，产销平衡区和主销区要保持应有的自给率，共同承担起维护国家粮食安全的责任。要加强高标准农田、农田水利、农业机械化等现代农业基础设施建设，提升农业科技创新水平并加快推广使用，增强粮食生产能力和防灾减灾能力。

对全国春季农业生产工作作出的指示（2020年2月），新华社2020年2月25日

要认真总结和推广梨树模式，采取有效措施切实把黑土地这个"耕地中的大熊猫"保护好、利用好，使之永远造福人民。要抓住实施乡村振兴战略的重大机遇，坚持农业农村优先发展，夯实农业基础地位，深化农村改革。要加快高标准农田建设，强化农业科技和装备支撑，深化农业供给侧结构性改革，加快发展绿色农业，推进农村三产融合。

在吉林考察时的讲话（2020年7月），央视网2020年7月24日

要坚持农业农村优先发展，推动实施乡村振兴战略。要扛稳粮食安全的重任，稳步提升粮食产能，全面压实耕地保护责任，推进高标准农田建设，坚决遏制各类违法乱占耕地行为。

在湖南考察时的讲话（2020年9月18日），新华网2020年9月18日

要牢牢把住粮食安全主动权，粮食生产年年要抓紧。要严防死守18亿亩耕地红线，采取长牙齿的硬措施，落实最严格的耕地保护制度。要建设高标准农田，真正实现旱涝保收、高产稳产。要把黑土地保护作为一件大事来抓，把黑土地用好养好。要坚持农业科技自立自强，加快推进农业关键核心技术攻关。要调动农民种粮积极性，稳定和加强种粮农民补贴，提升收储调控能力，坚持完善最低收购价政策，扩大完全成本和收入保险范围。地方各级党委和政府要扛起粮食安全的政治责任，实行党政同责，"米袋子"省长要负责，书记也要负责。

在中央农村工作会议上的讲话（2020年12月28日），新华社2020年12月29日

前　言

　　民以食为天，农以地为本。粮食安全，乃国之大者。习近平总书记多次强调"保障国家粮食安全的根本在耕地，耕地是粮食生产的命根子""加强高标准农田建设""突出抓好耕地保护和地力提升"。李克强总理强调"要坚持数量与质量并重，严格划定永久基本农田，严格实行特殊保护，扎紧耕地保护的'篱笆'，筑牢国家粮食安全的基石""把高标准农田建设摆在更加突出的位置"。农田建设，特别是高标准农田建设，是巩固和提高粮食生产能力、保障国家粮食安全的关键举措，对支撑乡村振兴战略实施、加快推进农业农村现代化发挥着十分重要的作用。

　　2018年机构改革，党中央国务院决定将国家发展改革委、财政部、国土资源部、水利部等部门分别管理的农田建设项目统一整合至农业农村部。农业农村部组建农田建设管理司履行农田建设项目管理职责，承担耕地质量管理等相关工作。各地加快推进机构改革，改变了过去农田建设"五牛下田"、分散管理的工作模式，初步构建起统一规划布局、建设标准、组织实施、验收考核、上图入库的"五统一"农田建设管理新机制。在此期间，农田建设制度标准体系不断完善、建设资金保障能力逐步增强，高标准农田建设成效明显提升。2019年、2020年全国新建高标准农田分别为8 150万亩、8 391万亩，同时统筹推进高效节水灌溉2 190万亩、2 395万亩，圆满完成了到2020年底建成8亿亩高标准农田的战略任务。

　　2021年是中国共产党建党100周年，也是"十四五"规划开局之年。在这个特殊的时点，系统总结农田建设工作，编印《农田建设发展报告（2018—2020）》意义重大。一是系统回顾农田建设的发展历程，忠实记录2018年机构改革以来新的管理格局下农田建设工作做法、成效等客观情况，有利于把握党中央国务院在各时期的"三农"决策部署，并留下珍贵的史料。二是通过梳理总结相关工作举措和成效，提炼交流各地好的经验做法，为更好地完成新阶段农田建设新任务，提供全面、权威、实用的参考信息和资料，有利于推动农田建设工作再上新台阶。**三是**方便各类社会主体了解、参与和监督农田建设工作，有利于营造良好社会氛围。

由于初次编撰，水平和经验有限，部分重点难点问题以及历史发展脉络分析略显粗浅，加之有些资料散见于多个部门不易找全，本书还存在不少遗憾和不足，敬请读者批评指正。

《农田建设发展报告（2018—2020）》编委会

2021年10月

目 录

地　方　篇

大　事　记

综 合 篇

农田建设概要

内　涵

　　我国农耕历史悠久、源远流长。千百年来，农田始终是我国农民的基本生产资料、耕作场所和精神寄托。受制于我国土地资源和水资源人均占有量少、分布不均衡、自然灾害多发等众多不利因素，传统农业之所以能够实现几千年的持续发展，离不开我们的祖先在长期农业生产实践中不断总结并充分尊重自然规律，积极主动地调整着人与自然的关系以及生产、生活、生态"三生"关系。通过各项技术措施，在可供耕种的田地上建设灌溉、排水等基础设施，培肥地力，改造对农业生产不利的自然条件，以抗御并克服洪、涝、旱、碱等危害因素，努力追求着"五谷丰登"的梦想。这种为保持高效且持续的产出而对耕地进行的内在地力和外在设施的主动改造建设，就是我们这里所讲的农田建设。

　　准确全面把握农田建设的内涵要义，既要尊重建设活动内在规律，也要尊重历史发展规律。一方面，从科学把握人对自然的改造活动看，农田建设经历了从单一的治水工程、土壤改良、田块整治、综合开发到当前对农田进行基础设施和内在质量的统一建设和管理，就是充分认识到要以人与自然和谐相处为目标，以系统理念统筹各项要素开展农田建设，实现绿色可持续发展，这也是农田建设的内在要求。另一方面，从中国历史的发展脉络看，中华文明的发展始终与农耕文化密切相关。随着我国经济社会的发展，社会主要矛盾不断变化，广大人民的生产生活方式发生了显著变化，农田建设的内涵也同步发生了深刻变化。进入新时代，农田建设的内涵和使命，就是要通过开展农田开发利用和资源保护，满足人民群众对绿色优质农产品、美好田园生活和传承农耕文化的多重需求，本质上就是为人民谋幸福，为民族谋复兴。

意　义

　　农田建设是保障国家粮食安全、维护经济社会平稳发展的重要基础。保障粮食安全是治国理政的头等大事。随着我国城镇化进程加快和城乡居民消费结构升级，消费者对粮食等主要农产品的需求呈持续增长态势。在农业生产要素供给趋紧和资源环境压力日益加大的背景下，粮食生产面临的刚性约束愈发突出，粮食供需将长期处于紧平衡状态。大力推进农田建设，有利于加快补齐农业基础设施短板，改善农业生产条件，切实增强农田防灾抗灾减灾能力，提升粮食综合生产能力，为保障国家粮食安全、促进经济持续健康发展和保持社会大局稳定夯实基础。

　　农田建设是促进耕地数量、质量、生态"三位一体"保护的基础手段。像保护大熊猫一样保护耕地，着力加强耕地数量、质量、生态"三位一体"保护，是落实藏粮于地、藏粮于技战略，实现农业可持续发展的资源基础，也是实现"两个一百年"奋斗目标、实现中华民族伟大复兴中国梦的基础支撑。在农田建设过程中，土地平整等措施有利于充分挖掘新增耕地潜力；灌溉与排水工程构筑、田间道路修建、农田防护与生态环境保持等措施有利于提高农田基础设施保障能力；生物和技术等措施有利于提升耕地地力、改善农田生态环境、修复与提升农田生态功能与健康水平。通过农田建设各项措施的综合运用，能够切实保护好粮食生产的"命根子"。

高标准农田建设项目区（河南省农业农村厅提供）

　　农田建设是深化农业供给侧结构性改革、促进农业高质量发展的重要保障。提高农业供给体系的质量和效率是农业供给侧结构性改革的主攻方向。随着人民生活水平不断提升，我国粮食供求结构性矛盾突出，优质农产品供应不足，综合效益和竞争力亟待提高。大力推进农田建设，有利于实现耕地质量和地力持续提升，推动形成绿色生产方式，增加优质粮食和重要农产品供给，加快农业高质量发展。同时，农田建设与高效农业、精准农业、休闲农业等新产业新业态结合，可以有效促进一二三产业融合，为产业兴旺、生态宜居夯实基础，增进农民福祉。

农田建设是实施乡村振兴战略、加快农业农村现代化的重要支撑。 民族要复兴，乡村必振兴。没有农业农村现代化，就没有整个国家现代化。大力推进农田建设，有利于改善农业生产条件、聚集现代生产要素，推动农业生产经营规模化专业化发展，降低农业生产成本，提高劳动生产率，促进小农户与现代农业有机衔接；有利于提高土地产出率、水土资源利用率，促进土地和水资源集约节约利用，破解现代农业发展的资源约束；有利于配套实施生态养护措施，大力推广绿色种植技术模式，促进农村生态环境不断改善。同时，农田建设也是农村基础设施建设补短板、强弱项、拉内需的重大投资内容，有利于推进农村构建新发展格局，为农业农村现代化和农民增收发挥基础支撑作用。

形　势

2018—2020年，正处于"两个一百年"奋斗目标的历史交汇期。当前，中国特色社会主义已进入新时代，我国社会主要矛盾发生转变，经济社会正迈向高质量发展阶段，要将新发展理念贯穿发展全过程和各领域，要加快构建以国内大循环为主体、国内国际双循环相互促进的新发展格局。习近平总书记指出，稳住农业基本盘、守好"三农"基础是应变局、开新局的"压舱石"。新时期农田建设工作，必须深刻认识把握新形势，进一步增强使命感和责任感。

全力保障国家粮食安全极端重要。 习近平总书记明确指出，"要牢牢把住粮食安全主动权"。我国人口众多，解决好吃饭问题，始终是治国理政的头等大事。进入新发展阶段，人口持续增加、资源环境压力趋紧，居民消费结构升级，城镇化水平不断提高，粮食需求量将持续呈刚性增长趋势。2020年以来，全球新冠疫情持续蔓延，加之病虫害多发重发、洪灾旱灾等极端气候因素的影响，多国相继推出粮食出口限制措施，导致国际粮食市场动荡不稳，全球粮食安全风险加剧。在以国内大循环为主体、国内国际双循环相互促进的新发展格局下，中国人饭碗里主要装中国粮的压力更加巨大。习近平总书记在2020年中央经济工作会议上指出，保障国家粮食安全，关键在于落实藏粮于地、藏粮于技战略，要害在种子和耕地。在2020年中央农村工作会议上习近平总书记再次强调，耕地是粮食生产的命根子，要严守耕地红线，加强高标准农田建设。新时代农田建设管理应紧紧围绕国之大者抓主抓重，紧紧围绕中央决策部署落细落小，紧紧扭住耕地这个要害，全面推动藏粮于地、藏粮于技战略落实落地，进一步巩固提升粮食综合生产能力。

巩固拓展脱贫攻坚成果同乡村振兴有效衔接责任重大。 在全国脱贫攻坚总结表彰大会上，习近平总书记庄严宣告我国脱贫攻坚战取得了全面胜利。现行标准下9 899万农村贫困人口全部脱贫，832个贫困县全部摘帽，12.8万个贫困村全部出列，区域性整体贫困得到解决，完成了消除绝对贫困的艰巨任务。脱贫攻坚目标任务完成后，"三农"工作重心将实现向全面推进乡村振兴的历史性转移。《中共中央国务院关于实现巩固拓展脱贫攻坚成果同乡村振兴有效衔接的意见》首次提出，要"实现巩固拓展脱贫攻坚成果同乡村振兴有效衔接"。做好巩固拓展脱贫攻坚成果同乡村振兴有效衔接，关系到构建以国内大循环为主体、国内国际双循环相互促进的新发展格局，关系到全面建设社会主义现代化国家战略全局和实现第二个百年奋斗目标。以田间基础设施建设为主要内容的农田建设工作，是巩固拓展脱贫攻坚成果同乡村振兴有效衔接的重要抓手。促进"农业高质高效、农村宜居宜业、农民富裕富足"，迫切需要推进农田建设高质量发展。

浙江省宁波市宁海县长街镇九江高标准农田（宁海县农业农村局提供）

推动经济社会发展全面绿色转型任务紧迫。建设生态文明是中华民族永续发展的千年大计。习近平总书记提出"山水林田湖草是生命共同体"的论断，强调"统筹山水林田湖草系统治理""全方位、全地域、全过程开展生态文明建设"。为落实2030年应对气候变化国家自主贡献目标，我国确定了自主行动目标：2030年前实现碳排放达峰、2060年前实现碳中和。农田是生命共同体的重要组成部分，是生态安全格局的基本单位。同时，农田生态系统中的碳库是全世界碳库中最活跃的部分之一，具有可观的固碳潜力。新时期建设人与自然和谐共生的现代化，推动绿色低碳发展，持续改善环境质量，提升生态系统质量和稳定性对改善农田建设与管理措施提出了新要求。

加快推进农业农村现代化更加迫切。展望2035年，我国将基本实现社会主义现代化；2050年，要全面建成社会主义现代化强国。习近平总书记指出，全面建设社会主义现代化国家，最艰巨最繁重的任务依然在农村，最广泛最深厚的基础依然在农村。农田建设是农业农村现代化的重要内容和基础支撑，是促进农业规模化经营、机械化发展、标准化生产、信息化转型的基本保障，迫切需要以农田建设高质量发展助力农业农村现代化建设。

2018年机构改革三年多来形成的农田建设新格局，为当前和今后一个时期落实农田建设硬任务，推动农田建设高质量发展奠定了坚实基础。但新形势下农田建设工作面临的困难和挑战不容忽视，要坚定信心、迎难而上、砥砺前行。

农田建设发展历程

习近平总书记指出："不忘历史才能开辟未来，善于继承才能善于创新。"传承和发展永远是联系在一起的。

我国农田建设已有五千多年历史，自大禹治水始，农田建设在相当长一段时期内以农田水利建设为主要内容。农田水利历经秦汉时期、隋唐至北宋时期、明清两代三个大发展时期，其间颁布了农田水利法令，设立了全国各路主管农田水利的官吏，筑堤围垦，兴建水利工程，促进了农田水利的大发展，也大大推动了当时社会经济的发展。都江堰、郑国渠和灵渠等多项灌溉工程，历经千年，依然发挥着重要的引水灌溉等功能，保障了区域内的农田灌溉，提高了粮食生产能力。截至1949年，全国有效灌溉面积2.4亿亩[*]，约占当时耕地面积的16.3%。

新中国成立以来，经过半个多世纪大规模的农田基本建设，兴修了大量的农田水利工程，全国80%以上的易涝耕地和中低产田得到了不同程度的治理，农业抗御水旱灾害能力大大提高，为我国农业生产的稳步发展和人民生活的改善提供了重要的物质保证。新中国农田建设的历程大致可以分为改革开放前、改革开放后两大阶段。

改革开放前（1949—1977年）

这一阶段，我国农田建设管理重心是农田水利建设和提升农田有效灌溉面积。经过曲折复杂的探索，农田水利建设取得辉煌的成就和丰富的经验。根据工作重心的不同，大致可以分为以下几个时期：

---

[*] 亩为非法定计量单位，1亩约为667平方米。——编者注

农田水利恢复建设时期（1949—1952年）

新中国成立之初，土地改革激发了农民耕种的积极性，我国农业生产逐步恢复，农民开始大规模开垦荒地和开展土地改良工作，全国耕地面积大幅度增长。新中国成立的前三年，是我国国民经济的恢复期，党和国家把农田水利的恢复和建设作为整个国民经济恢复的重要环节，设立了专门主管全国农田水利的机构，提出"防治水患，兴修水利，以达到大量发展生产的目的"的农田水利建设基本方针，一方面大力整治原有的灌溉排水工程，一方面广泛开展以小型水利为主的群众性农田水利建设。积极发动与组织群众力量，大量举办塘堰、沟洫、小型渠道、井、泉和水土保持等比较简单而有效的水利工程，掀起了发动群众兴修水利的高潮。据统计，新中国成立后，仅仅三年时间，水利工程建设参与人员达2 000万人，各地兴修和整修小型塘坝600多万处，打井80余万眼，恢复和修建较大的灌溉排水工程280多处，完成土石方17亿立方米，扩大灌溉面积5 000多万亩。

农田灌溉网络基础建设时期（1953—1957年）

1953年，党中央提出了过渡时期总路线。同时，国家经济建设进入第一个五年计划时期。农田水利建设的重点由恢复整顿原有灌溉排水工程为主，转变为按国家经济发展的要求有计划、有步骤地兴修新的工程设施，以逐步提高和扩大抗御水旱灾害的能力，更有效地发挥水资源的效益。水利建设主要任务是继续治理重要河道，加固重要河流堤防，积极兴建农田水利。在群众自办工程的负担上，第一次提出"受益多的多负担，受益少的少负担，不受益的不负担"的原则。这5年，结合淮河、海河的治理，修建了淮河、黄河、长江、海河和辽河等流域大型水利水电工程和农田灌溉网络，奠定了我国农田水利设施建设的坚实基础，对农业生产和社会经济发展做出了巨大贡献。1956年1月，中共中央政治局提出《1956—1967年全国农业发展纲要40条》，要求用10年时间将我国水田和水浇地面积由3.9亿亩扩大至9亿亩左右。

农田建设"大干快上"时期（1958—1961年）

1958年，毛泽东同志提出提高农作物产量的"土、肥、水、种、密、保、管、工"农业"八字宪法"，为当时及以后时期的农业生产指明了方向，也对农田建设产生了深远的影响。1958年8月，《中共中央关于深耕和改良土壤的指示》，明确提出农业增产技术措施"水肥土种密"，中心是土；提出将全国3.3亿亩盐碱土、红壤土、砂姜土、飞沙地、烂泥田、冷水田和其他瘠薄田地全部改完；提出小社合并大社，扩大农业生产规模，相应提出规划耕作区、整理排灌系统、并大田块、整修道路、迁居并村和重新配置居民点等平整土地内容要求。同年，全国开展了第一次土壤普查工作，完成了除西藏自治区和台湾省以外的耕地土壤调查，总结了农民鉴别、利用和改良土壤的经验，编制了"四图一志"，即全国农业土壤图、全国土壤肥力概图、全国土壤改良概图、全国土地利用现状概图和农业土壤志，为合理利用土地提供了大量的土壤资料。此阶段，"大跃进"和人民公社运动全面展开，各地开展了较大规模以改土治水为中心的农田建设，主要内容包括平整土地、修筑梯田、改造坡耕地、兴修农田水利、改良土壤、建设农田防护林、配套农业生产输配电设施等。同时，大范围开展治沙治碱，对全国主要的低产土壤（包括盐碱土、沼泽土、红壤、冷浸田、咸酸田等）进行综合治理。农田水利建设出动了上亿的劳动力，兴建了很多大型水库和灌区，中小型工程更是遍地开花，数不胜数。据1962年经过核实后的数字，1962年比1957年实际增加灌溉面积5 538万亩（不包括以后经过续建配套陆续发挥的效益面积）。但是由于当时的社会形势，不少工程项目仓促上马，违反了自然规律，造成了很大的损失。与此同时，城镇人口增加过快，致使工业和城镇用地大量增加，耕地面积急剧减少，出现新中国成立以来第一次耕地流失高峰，在此期间耕地面积与前一时期相比减少4.7%。

农田建设调整时期（1962—1965年）

1962年，农田水利工作接受和吸取"大跃进"时的经验教训，进入到整顿、巩固、续建、配套阶段。经过两年的努力，到1963年农田水利建设基本上恢复了正常秩序。1964年，全国提出"农业学大寨"的口号，农田基本建设趋于山水田综合治理，以分期分批建成旱涝保收、高产稳产农田为中心内容，辅以土地平整和田渠路林综合配置。1963—1965年，平均每年增加灌溉面积1 000万亩左右。到1965年，全国排灌机械动力拥有量达到667万千瓦，机电井19.42万眼。

农田建设停滞与恢复时期（1966—1977年）

"文化大革命"给我国国民经济造成重大损失，农田水利建设事业发展也受到严重影响。尤其是1966—1970年，农田建设工作一度停顿数年，部分地区甚至遭受严重破坏，直到1970年才逐步得到恢复。到1972年，全国灌溉总面积达6亿亩。1976年10月，"四人帮"反革命集团粉碎后，先后召开2次农田基本建设会议，掀起了农田建设高潮，有效运用了开荒造田、平整土地、灌溉排水等综合措施，大大提升了耕地有效灌溉面积与综合质量，为粮食产量提升提供了有力保障。到1977年，全国农田灌溉面积达6.75亿亩。

改革开放后（1978年至今）

改革开放后，我国农田建设进入了一个新的发展阶段。随着国民经济的发展，国家逐步加大了对农田建设的投入力度，各部门围绕各自职能，开展了以开荒、土地平整、土地整治、土地开发整理、农田水利建设、农业综合开发、耕地质量保护提升等形式多样、各有侧重的农田建设活动。农田建设也经历了从单纯注重"数量"转变为"数量""质量"并重，再到"数量""质量""生态"三位一体推进的发展过程。

数量为主时期（1978—1987年）

1978年，党中央召开十一届三中全会，决定把党的工作重点转移到社会主义现代化建设上来。1978年国务院《政府工作报告》提出，"在提高单位面积产量的同时，在不损害水土保持、森林、草原和水产资源的条件下，组织国有农场和人民公社有计划地开垦荒地，使耕地面积逐年有较多的增加"。1981年，国务院印发《关于制止侵占耕地建议的通知》，明确提出了要保护耕地面积。1982年中央1号文件《全国农村工作会议纪要》指出，"小型农田水利建设要继续积极量力进行，讲求实效。要总结推广先进的灌溉技术和耕作措施，切实做到科学用水、计划用水、节约用水。城乡工农业用水应重新核定收费制度。无灌溉条件或暂时无力兴修水利的旱地，要因地制宜，搞好旱作。今后，大型水利建设，必须根据总体流域规划，按择优原则和基建程序进行，花钱多效益小的缓办，无效益的不办。已建成又有效益的，要搞好配套，建一处成一处。投入使用的，要抓好科学管理"。1983年中央1号文件再次强调，"其他小型农田基本建设和服务设施所需要的投资主要依靠农业本身的资金积累和劳动积累。谁兴建谁得益。不论办什么事情，凡需动用民力的，都必须坚持量力而行的原则，切不可重复过去一切大办的错误做法"。

这一时期的农田建设主要围绕开垦荒地、土地平整和农田基础设施建设展开，各地根据"调整、整顿、提高"的方针，加强了对现有灌排工程的维修配套和技术改造，农田水利工程效益趋减的趋势得到遏制，灌溉面积逐年增长。随着家庭联产承包责任制的实施，农田建设也开始由过去的主要依靠国家或集体筹资筹劳模式向市场化模式过渡。1979年，根据《国务院批转农业部关于全国土壤普查工作会议报告和关于开展全国第二次土壤普查工作方案》，全国第二次土壤普查启动，1984年完成了第二次土壤普查县级普查，编制土壤系列图件14 000余幅，土壤志、土种志、土壤肥料科技论文3 200多份，关于土壤资源的160多项共2 000万个以上数据，为土壤分类、改良利用分区和研究其他土肥问题提供了依据。这期间，由于城镇化和工业化进程加快，农村地区非农产业特别是乡镇企业的迅猛发展，占用了大量的耕地，使得耕地急剧减少。仅1985年，全国耕地总面积就减少了1 512万亩，成为新中国成立以来耕地数量降幅最为显著的一年。为遏制耕地减少，1986年中央1号文件《农村工作的部署》要求制定"严格控制非农建设占用耕地的条例"。1986年3月，国务院发布《关于加强土地管理、制止乱占耕地的通知》，进一步强调了对耕地占用问题的重视。1986年，国务院成立国家土地管理局，耕地质量建设保护职能归口原农牧渔业部农业局。同年全国土壤肥料总站成立，具体负责耕地质量建设保护工作。1986年6月，《土地管理法》正式颁布实施，突出了"合理利用土地，切实保护耕地"的主要目标，其中第20条提出"各级人民政府应当采取措施，保护耕地，维护排灌工程设施，改良土壤，提高地力，防治土地沙化、盐渍化、水土流失，制止荒废、破坏耕地的行为"，标志着我国农田建设管理工作进入法治轨道。

开发保护并举时期（1988—1997年）

党的十一届三中全会以后，家庭联产承包责任制的实施和农业生产市场调节范围的扩大，极大地调动了农民的生产积极性，解放和发展了农村生产力。1978—1984年，全国粮食产量由3 027.7亿公斤增加到4 073.1亿公斤，农业生产特别是粮食生产迈上了新台阶。但是，1985年以后，我国农业生产徘徊不前，连续几年粮食产量停留在4 000亿公斤左右，人口增加与耕地减少的矛盾、粮食需求量增长与供给总量不足的矛盾比较突出。为实现农业形势的根本好转，党中央、国务院和各级党政领导高度重视农田基础设施建设工作。国务院决定自1988年开始设立国家土地开发建设基金（1990年改为农业综合开发基金，后改为农业综合开发资金），专项用于农业综合开发，重点是通过山水田林路综合治理，进行大面积的中低产田改造，同时依法酌量开垦宜农荒地，确保粮棉油等主要农产品的产量稳定增长。1988年，国务院成立国家土地开发建设基金管理领导小组（1990年更名为国家农业综合开发领导小组），领导小组办公室设在财政部。1994年，国务院撤销国家农业综合开发领导小组，建立了国家农业综合开发联席会议制度，其办事机构为国家农业综合开发办公室，设在财政部。

1989年10月，国务院发布《关于大力开展农田水利基本建设的决定》，提出农田水利建设重点要放在维修、恢复、配套、改造、提高上，尽快恢复现有水利设施的效益。1996年1月，国务院发布《关于进一步加强农田水利基本建设的通知》，提出要加大资金投入，加强对农田水利基本建设的组织领导，使我国的农业生产条件和生态环境有一个大的改善。这期间，无论是一直以来的农田水利基本建设渠道，还是农业综合开发渠道，农田基础设施建设的投入速度明显加快，冬春农田水利基本建设上工人数、出工机械、投资投工数量都在逐年上升。截至1997年底，全国有效灌溉面积达到7.84亿亩，拥有万亩以上灌区5 562处，配套机电井355万眼。

1988年3月，湖北省荆州市开始了我国第一个划定基本农田保护区的基层实践。1992年，国务院批转国家土地管理局、农业部《关于在全国开展基本农田保护工作请示的通知》，确认了基本农田概念。1993年，《农业法》正式实施，指出国家建立耕地保护制度，对基本农田依法实行特殊保护。1994年，国务院颁布《基本农田保护条例》，确立了基本农田保护制度。同期，以补充耕地数量、提高耕地质量为目的的土地整治工作也逐步加强，成为推动农田建设的主要力量之一。1995年，农业部撤销全国土壤肥料总站，成立全国农业技术推广服务中心，内设土壤处、肥料处（后又增设节水农业处）负责耕地质量建设保护工作。1996年，农业部发布《全国耕地类型区、耕地地力等级划分（NY/T 309—1996）》《全国中低产田类型划分与改良技术规范（NY/T 310—1996）》，为耕地质量管理和提升提供技术依据。1997年，中共中央、国务院《关于进一步加强土地管理切实保护耕地的通知》要求"积极推进土地整理，搞好土地建设"，土地整理的概念第一次正式写入中央文件。这阶段，既是我国经济体制改革日益深化的时期，也是计划经济向社会主义市场经济过渡的时期，同时也是我国农田建设活动开发与保护并举，并向广度和深度全面发展的新时期。

加快发展时期（1998—2007 年）

1998 年，党的十五届三中全会审议通过了《中共中央关于农业和农村工作若干重大问题的决定》，强调要"加快以水利为重点的农业基本建设，改善农业生态环境""加快现有大中型灌区水利设施的修复和完善。鼓励农村集体、农户以多种方式建设和经营小型水利设施……努力扩大农田有效灌溉面积""依法限制农用地转为建设用地，严格执行基本农田保护区制度。农业综合开发要以改造中低产田为重点，集中连片治理，力争平原地区大部分耕地实现旱涝保收、高产稳产，丘陵山区人均达到半亩以上高标准基本农田"。据此，农业综合开发、农田水利、土地整理等各渠道相关资金大幅投入农业基础设施建设。1998 年 8 月，《土地管理法（修订）》第 41 条提出"国家鼓励土地整理。乡（镇）人民政府应当组织农村集体经济组织，按照土地利用总体规划，对田、水、路、林、村综合整治，提高耕地质量，增加有效耕地面积，改善农业生产条件和生态环境"，并规定开征新增建设用地土地有偿使用、耕地开垦费、土地复垦费等，从立法上规范了土地整理和开发，并使土地整理有了稳定的资金来源。1999 年，《中共中央国务院关于做好 1999 年农业和农村工作的意见》明确"农业综合开发原则上不再安排新的开荒造地项目，重点搞好中低产田改造"。2003 年，国土资源部颁发《全国土地开发整理规划（2001—2010)》，包含土地整理、土地复垦和土地开发三项内容。其中，明确土地整理是采用工程、生物等措施，对田、水、路、林、村进行综合整治，增加有效耕地面积，提高土地质量和利用效率，改善生产、生活条件和生态环境的活动。2004 年，国务院审议通过《国家优质粮食产业工程建设规划（2004—2010 年)》，农业部开始启动实施标准粮田项目，主要建设内容包括：重点完善田间灌排渠系、机电井等水利设施，田间机耕作业道、土壤改良与墒情监测设施等。自 2002 年，中央财政每年划拨资金 1 000 万，支持农业部在全国 14 个省、60 个县开展耕地地力调查与质量评价试点。2005 年，中央财政专门设立测土配方施肥试点补贴资金项目，农业部开展较大规模土壤采样调查确保测土配方施肥试点项目顺利实施。2005 年，《关于建立农田水利建设新机制的意见》出台，要求各地把小型农田水利建设资金纳入政府投资和财政预算，千方百计增加投入。同年，中央财政还设立了小型农田水利工程建设补助专项资金，以"民办公助"方式支持各地开展小型农田水利建设，积极探索建立政府主导、农民参与的新机制。2006 年，财政部出台《关于进一步推进支农资金整合工作的指导意见》（财农〔2006〕36 号），要求各地在不改变资金性质和用途的前提下，积极整合各项涉及农田水利建设资金，统筹安排，集中使用。国务院每年专门召开会议部署冬春农田水利基本建设，大力推进节水灌溉和田间配套工程建设，各地通过项目带动、财政奖补、一事一议、绩效考核等措施，有力推动了农田基础设施建设。

逐步聚焦时期（2008—2017 年）

2008 年 10 月，党的十七届三中全会提出了一系列农村改革的重大决定。2008 年 11 月，国务院常务会议研究部署进一步扩大内需、促进经济平稳较快增长的十项措施。党的十七届三中全会审议通过的《中共中央关于推进农村改革发展若干重大问题的决定》明确提出："抓紧实施粮食战略工程，推进国家粮食核心产区和后备产区建设，加快落实全国新增千亿斤[*]粮食生产能力建设规划，以县为单位集中投入、整体开发。大规模实施土地整治，搞好规划、统筹安排、连片推进，加快中低产田改造，鼓励农民开展土壤改良，推广测土配方施肥和保护性耕作，提高耕地质量，大幅度增加高产稳产农田比重。鼓励和支持农民广泛开展小型农田水利设施、小流域综合治理等项目建设。推广节水灌溉，搞好旱作农业示范工程"。2009年6月，财政部出台《关于实施中央财政小型农田水利重点县建设的意见》（财农〔2009〕92号），财政部、水利部决定，在继续做好小型农田水利专项工程建设的同时，从2009年起在全国范围内选择一批县市区，实行重点扶持政策，通过集中资金投入，全面开展小型农田水利重点县建设，以期改变小型农田水利设施建设严重滞后的现状，提高农业抗御自然灾害的能力。2009年7月，国家农业综合开发办公室印发《关于开展国家农业综合开发高标准农田建设示范工程的指导意见》（国农办〔2009〕163号），率先在全国启动了首批高标准农田示范工程建设项目。同年，国家发展改革委、农业部积极推进第二期标准粮田建设工程项目。2009年，国务院办公厅印发《全国新增1000亿斤粮食生产能力规划（2009—2020年）》，提出到2020年全国粮食生产能力要达到5500亿公斤以上，比现有产能增加500亿公斤，耕地保有量保持在18亿亩，基本农田面积15.6亿亩。规划将五个部门的农田建设内容全部纳入其中，要求强化基本农田建设，确保实现新增粮食生产能力目标。

2012年3月，国务院批准《全国土地整治规划（2011—2015年）》，提出"十二五"期间再建设4亿亩高标准基本农田，明确要求"经整治后的基本农田质量平均提高一个等级，粮食亩产增加100公斤以上"。从此，加快高标准基本农田建设成为土地整治工作的主旋律。随后，国土资源部联合财政部印发了《关于加快编制和实施土地整治规划大力推进高标准基本农田建设的通知》，正式拉开了4亿亩高标准基本农田建设的大幕。2013年4月，财政部发布《国家农业综合开发高标准农田建设规划（2011—2020年）》（财发〔2013〕4号），明确到2020年，改造中低产田、建设高标准农田4亿亩，完成1575处重点中型灌区的节水配套改造。同年10月，国务院批复了国家发展改革委会同有关部门编制的《全国高标准农田建设总体规划》，提出到2020年建成8亿亩旱涝保收的高标准农田，亩均粮食综合生产能力提高100公斤以上的战略目标。据此，从顶层设计层面，《全国高标准农田建设总体规划》统一了各部门高标准农田建设的同类活动。

2009年7月，国家农业综合开发办公室印发了《国家农业综合开发高标准农田建设示范工程建设标准（试行）》；2011年9月和2012年6月，国土资源部分别发布了《高标准基本农田建设规范（试行）》和《高标准农田建设标准》（TD/T 1033—2012）；2012年3月，农业部发布了《高标准农田建设标准》（NY/T 2148—2012）。2014年，国家质检总局、国家标准委发布《高标准农田建设通则》（GB/T 30600—2014），以国家标准形式统一明确了高标准农田"建什么、怎么建"，这对全面规范推进高标准农田建设具有极为重要的意义。2016年，《高标准农田建设评价规范》（GB/T 33130—2016）发布，为高标准农田建设"评什么、怎么评"提供了统一的评价尺度和方法。2017年2月，针对各部门实施的高标准农田建设项目存在部门间专项规划和资金安排统筹衔

_* 斤为非法定计量单位，1斤＝0.5公斤。——编者注

接不够、建设内容不配套、建设管理不到位、建后管护机制不健全等问题，国家发展改革委、财政部、国土资源部、水利部、农业部、人民银行、国家标准委等7部门联合印发《关于扎实推进高标准农田建设的意见》（发改农经〔2017〕331号），提出"统一建设标准、统一监管考核、统一上图入库"，对高标准农田建设统筹规划、整合资金、规范管理等方面提出意见和要求，初步形成了以规划为指引、以政策文件为支撑、以技术标准为依据，统一开展实施建设和监管考核的工作局面。同年9月，国土资源部、国家发展改革委等五部委联合印发《关于切实做好高标准农田建设统一上图入库工作的通知》（国土资发〔2017〕115号），要求逐步建成高标准农田建设全国"一张图"，实现有据可查、全程监控、精准管理、资源共享。

这一阶段早期，国家发展改革委、财政部、国土资源部、农业部、水利部等部门均提出了不同的农田建设重点；中期，高标准农田建设被写入"十二五"规划纲要，要求"加强以农田水利设施为基础的田间工程建设，改造中低产田，大规模建设旱涝保收高标准农田"。随后，国务院、各部委相继发布重要文件、规划与标准，逐步统一了高标准农田建设概念、内容、标准和路线图，高标准农田建设管理实现了"由散到聚"的趋势。

2014年，经过十多年数据积累，农业部发布了《全国耕地质量等级情况公报》，综合考虑耕地立地条件、耕层理化性状、土壤管理、土壤剖面性状等多方面因素，首次将耕地分等定级。2016年，《耕地质量等级》（GB/T 33469—2016）发布，这是我国首部耕地质量等级国家标准，为耕地质量调查监测与评价工作的开展提供了科学的指标和方法。2017年，农业部成立耕地质量监测保护中心（2018年更名为农业农村部耕地质量监测保护中心），承担耕地质量调查、监测、评价、建设、保护、监督及耕地质量数据平台构建等工作，同时承担着全国耕地土壤监测体系的建设与业务指导工作。

集中统一管理时期（2018年至今）

2018年3月，根据党的十九届三中全会审议通过的《深化党和国家机构改革方案》、第十三届全国人民代表大会第一次会议审议批准的国务院机构改革方案，将农业部、国家发展改革委、财政部、国土资源部和水利部的有关农业投资项目管理职责整合，组建农业农村部。根据中央正式印发的农业农村部"三定"规定，农业农村部新设农田建设管理司。

农业农村部农田建设管理司承担"提出农田建设项目需求建议。承担耕地质量管理相关工作，参与开展永久基本农田保护。承担农业综合开发项目、农田整治项目、农田水利建设项目管理工作的职责"。机构改革的上述规定，加强了党对农田建设工作的集中统一领导，将切实集中力量开展农田建设，落实好藏粮于地、藏粮于技战略。自此，农田建设改变了过去"五牛下田"、分散管理的局面，实现了源头整合，开启了集中统一管理的新时期。

2018年机构改革以来，党中央、国务院高度重视高标准农田建设，每年以国务院名义召开冬春农田水利建设会议，统筹部署推动农田建设工作。农业农村部党组多次专题研究部署农田建设工作，将农田建设列入重点任务。地方各级党委政府把农田建设作为推动"三农"工作的中心任务。各地还建立健全多部门协调机制，在资金投入、耕地指标认定、水资源保障、电力配套等方面，农业农村主管部门积极主动与有关部门对接，协同发力，不断增强农田建设合力。"中央统筹、省负总责、市县抓落实、群众参与"的新时期农田建设工作机制不断完善。

针对以往高标准农田建设项目涉及多部门，申报流程、建设标准、验收考核等要求不一致的相关情况，2019年，国务院办公厅印发《关于切实加强高标准农田建设 提升国家粮食安全保障能力的意见》，初步构建了集中统一高效的"五统一"农田管理新体制。**一是统一规划布局**。开展高标准农田建设清查评估工作，摸清已建高标准农田数量、质量、分布状况等情况，为做好高标准农田建设中长期规划、统筹安排好年度建设任务提供重要依据。修编全国高标准农田建设规划，推动形成国家、省、市、县四级农田建设规划体系。明确高标准农田建设优先区域。**二是统一建设标准**。修订高标准农田建设通则，建立健全耕地质量监测评价标准，不断完善农田建设国家级标准体系。各省（区、市）依据国家标准编制地方标准，指导本地因地制宜开展农田建设。**三是统一组织实施**。每年提前以部发文形式下达高标准农田年度建设任务，明确各地分区建设任务和具体要求。统一规范农田建设项目管理、质量管理和资金管理程序和要求等。**四是统一验收考核**。建立健全"定期调度、分析研判、通报约谈、奖优罚劣"的任务落实机制，确保年度建设任务如期保质保量完成。**五是统一上图入库**。建立农田管理大数据平台，对已实施的高标准农田建设项目全部上图入库，落实到地块，建成全国农田建设"一张图"和监管系统，实现有据可查、全程监控、精准管理、资源共享。

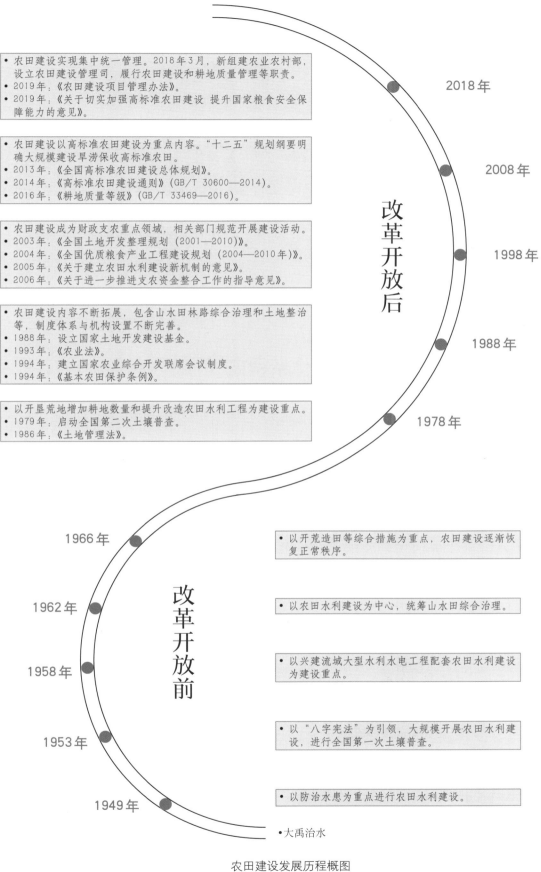

- 农田建设实现集中统一管理。2018年3月，新组建农业农村部，设立农田建设管理司，履行农田建设和耕地质量管理等职责。
- 2019年：《农田建设项目管理办法》。
- 2019年：《关于切实加强高标准农田建设 提升国家粮食安全保障能力的意见》。

2018年

- 农田建设以高标准农田建设为重点内容。"十二五"规划纲要明确大规模建设旱涝保收高标准农田。
- 2013年：《全国高标准农田建设总体规划》。
- 2014年：《高标准农田建设通则》(GB/T 30600—2014)。
- 2016年：《耕地质量等级》(GB/T 33469—2016)。

2008年

- 农田建设成为财政支农重点领域，相关部门规范开展建设活动。
- 2003年：《全国土地开发整理规划 (2001—2010)》。
- 2004年：《全国优质粮食产业工程建设规划 (2004—2010年)》。
- 2005年：《关于建立农田水利建设新机制的意见》。
- 2006年：《关于进一步推进支农资金整合工作的指导意见》。

1998年

- 农田建设内容不断拓展，包含山水田林路综合治理和土地整治等，制度体系与机构设置不断完善。
- 1988年：设立国家土地开发建设基金。
- 1993年：《农业法》。
- 1994年：建立国家农业综合开发联席会议制度。
- 1994年：《基本农田保护条例》。

1988年

- 以开垦荒地增加耕地数量和提升改造农田水利工程为建设重点。
- 1979年：启动全国第二次土壤普查。
- 1986年：《土地管理法》。

1978年

改革开放后

1966年

改革开放前

1962年

1958年

1953年

1949年

- 以开荒造田等综合措施为重点，农田建设逐渐恢复正常秩序。

- 以农田水利建设为中心，统筹山水田综合治理。

- 以兴建流域大型水利水电工程配套农田水利建设为建设重点。

- 以"八字宪法"为引领，大规模开展农田水利建设，进行全国第一次土壤普查。

- 以防治水患为重点进行农田水利建设。

- 大禹治水

农田建设发展历程概图

农田建设重点工作

制度标准体系构建

三级制度体系框架

农田建设和耕地质量保护实行集中统一管理，为破解多年来农田建设"五牛下田""多头管理"的困局，推动农田建设科学化、规范化健康发展创造了条件。高标准高质量且持续有效地抓好农田建设，迫切需要构建农田建设法规、规范、标准等制度体系，这是农田建设行稳致远的基础保障。按照目标导向和问题导向，农业农村部系统谋划、破旧立新，构建了"1＋3＋X"的农田建设三级制度体系框架。

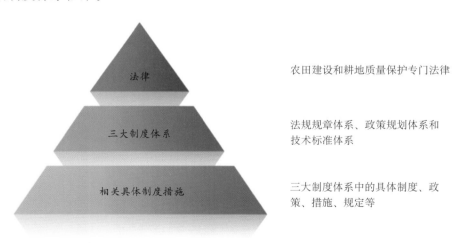

法律 —— 农田建设和耕地质量保护专门法律

三大制度体系 —— 法规规章体系、政策规划体系和技术标准体系

相关具体制度措施 —— 三大制度体系中的具体制度、政策、措施、规定等

"1＋3＋X"的三级制度体系框架

农田建设三级制度体系框架以习近平新时代中国特色社会主义法治思想为指导，秉承法治国家、法治政府、法治社会一体建设的理念，以推进农业农村治理体系和治理能力现代化为方向，按照全面系统、立足现实、务实管用、先易后难的原则逐步搭建完善，以保障粮食安全、推动绿色发展、促进农业高质量发展和乡村振兴。

"1"指一部农田建设和耕地质量保护的专门法律，为保障农田建设事业持续健康发展提供法治基础。"3"指统领全国农田建设和耕地质量保护工作的三大制度体系，包括法规规章体系、政策规划体系和技术标准体系。"X"指三大制度体系中的具体制度、政策、措施、规定等。

农田建设和耕地质量保护立法情况

高标准农田建设和耕地质量保护是落实藏粮于地、藏粮于技战略的关键举措，是保障国家粮食安全的"压舱石"。多年来，我国主要依靠行政手段组织实施农田建设，仅在《农业法》《土地管理法》《土壤污染防治法》《农田水利条例》《土地复垦条例》等法律法规中有零散与农田建设、耕地质量保护相关的内容，单独列举的条款不多。总体看，我国与农田建设和耕地质量保护相关的专门法律法规仍属空白。对比与我国人多地少国情相似的日本，1949年即颁布《土地改良法》及配套的《土地改良法实施令》《土地改良法实施细则》等法律法规，规范耕地开垦、农田灌排设施建设、农田道路建设、灾毁农田修复等行为。1984年又颁布《土地生产力促进法》及配套法律法规，规范基于土壤改良为主的耕地质量建设，对推动日本的农田建设发展起到了重要作用。

为保障国家粮食安全，促进农田建设和耕地质量保护事业长久持续发展，从2019年起，农业农村部农田建设管理司连续将农田建设和耕地质量保护立法列入课题，开展前期理论研究工作，积极利用外脑智库为推动立法提供智力支持。多次赴地方开展专题调研，并组织召开专家座谈会，研究讨论农田建设和耕地质量保护立法的必要性、可行性和关键内容。2019年至2020年7月，主要围绕农田建设立法开展相关工作。2020年8月以后，将立法视角从农田建设调整为耕地质量保护。始终与全国人大、司法部、自然资源部等部门保持密切沟通。与此同时，积极配合相关部门开展起草《乡村振兴促进法》、修正《土地管理法》、修订《土地管理法实施条例》等工作。下一步，将积极推进农田建设和耕地质量保护立法进程，明确相关主体权利和责任，规范农田建设和耕地质量保护的"建、管、用"，指导各主体作为，约束各主体行为，激励各主体多为，把党中央、国务院关于耕地保护和农田建设管理的政策措施法制化，为国家粮食安全提供坚实法治保障。

规章办法制定情况

《农田建设项目管理办法》。为规范农田建设项目管理，确保建设质量，实现预期目标，农业农村部以部门规章形式印发《农田建设项目管理办法》（农业农村部令2019年第4号），于2019年10月1日起施行。《农田建设项目管理办法》具有明确操作程序、简化管理流程、尊重农民意愿、落实"放管服"要求等四方面特点。其出台对于统一规范农田建设工作，构建农田建设管理制度体系，推进农田治理体系和治理能力现代化建设具有重要意义。《农田建设项目管理办法》共7章

40条。除第一章"总则"和第七章"附则"是原则性说明外，其他五章都是农田建设项目程序和各环节的规定，包括规划编制、项目申报与审批、组织实施、竣工验收、监督管理等。

配合相关部门印发资金管理相关制度。机构改革后，高标准农田建设中央财政资金主要由财政部管理的农田建设补助资金和国家发展改革委管理的中央预算内投资两个渠道组成。2019年，财政部、农业农村部联合印发《农田建设补助资金管理办法》（财农〔2019〕46号），国家发展改革委办公厅、农业农村部办公厅联合印发《关于中央预算内投资补助地方农业项目投资计划管理有关问题的通知》（发改办农经〔2019〕302号），规范农田建设相关资金使用范围、资金分配下达、使用管理、监督检查、绩效评价等内容，以提高资金使用效益。

《高标准农田建设评价激励实施办法（试行）》。为推动各地加快高标准农田建设，确保完成《乡村振兴战略规划（2018—2022年）》提出的高标准农田建设目标任务，依据《国务院办公厅关于对真抓实干成效明显地方进一步加大激励支持力度的通知》要求，农业农村部制定印发了《高标准农田建设评价激励实施办法（试行）》（农建发〔2019〕1号），共11条，明确了制定依据、评价对象和范围、评价内容和程序、评价结果的形成、激励措施等内容。该办法的出台，对于建立健全评价激励机制，推动各地加快高标准农田建设发挥了重要作用。

此外，按照制度框架体系设计，2019年以来逐步完善农田建设和耕地质量保护相关配套制度。印发《关于建立农田建设项目调度制度的通知》，明确建立"定期调度、分析研判、通报约谈、奖优罚劣"的农田建设项目日常调度监管机制。印发《农田建设统计调查制度（试行）》，明确农田建设统计调查范围、方法、步骤和主要内容，要求地方做好每年项目统计报表和耕地质量报表的填报、审核、报送工作。同步启动研究起草高标准农田建设质量管理、竣工验收等办法。

政策规划出台情况

《关于切实加强高标准农田建设 提升国家粮食安全保障能力的意见》。2019年，按照国务院领导要求，根据农业农村部党组的部署，农田建设管理司在深入调查研究并征求相关部门和各省份意见的基础上，起草了《关于切实加强高标准农田建设 提升国家粮食安全保障能力的意见》，经3次部领导专题会议、1次部常务会议审议后报国务院常务会议审议通过。2019年11月，国务院办公厅以国办发〔2019〕50号文件正式印发。该意见全面系统提出了今后一个时期我国高标准农田建设的指导思想、目标任务和政策要求，对全国高标准农田建设工作进行顶层制度设计，对构建集中统一高效的高标准农田建设管理新体制，凝聚各方力量加快推进高标准农田建设，不断夯实国家粮食安全基础具有重要意义。农业农村部农田建设管理司认真落实李克强总理批示精神和胡春华副总理批示要求，在国办发〔2019〕50号文件出台后，加快推进政策落实落地，指导各地结合实际提出贯彻实施意见。2020年，先后20个省份以省政府办公厅或省委农村工作领导小组名义出台配套的实施意见，全面夯实提升农田建设系统治理能力的政策基础。

新一轮全国高标准农田建设规划。2013年国务院批准实施《全国高标准农田建设总体规划》，各地各有关部门狠抓规划落实，通过采取农业综合开发、土地整治、农田水利建设、新增千亿斤粮食田间工程建设、土壤培肥改良等措施，持续推进农田建设，不断夯实农业生产物质基础。截至2020年，建成集中连片、旱涝保收的高标准农田8亿亩，亩均粮食综合生产能力提高100公斤以上，圆满完成既定目标。2020年底，为落实党中央、国务院有关部署要求，农业农村部积极组织开展新一轮全国高标准农田建设规划修编工作，深入16个典型省份、121个市县开展规划修编实地调研；采取问卷调查等方式全面了解各地高标准农田建设情况；开展粮食产能、水资源支撑等7个重大专题研究；组织召开多次座谈会和专家论证会，完成规划编制、各地和各有关部门征求意见、水资源供需平衡分析等工作。部领导先后3次主持召开规划修编专题会，研究修改完善规划，经部常务会审议通过后报送国务院。

技术标准制修订情况

高标准农田建设通则修订工作。农田建设涉及农学、土壤学、工程学、生态学等多学科，在哪建、建什么、怎么建、建成什么样，需要有专业标准作指导。2018年机构改革前，农田建设工作涉及多部门，各部门结合自身管理职责分别制定了相关标准，这些标准为推动农田建设，提升耕地质量，保障国家粮食安全都发挥了重要作用。2018年机构改革后，农田建设与耕地保护工作已经进入同步谋划、同步推进的新阶段，亟须建立一套科学规范、务实管用且统一的标准体系。为此，农业农村部及时启动高标准农田建设通则修订工作，召开多次专家座谈会，逐条论证通则修订稿草案，补充完善有关内容。2020年底，"高标准农田建设通则修订项目"通过国家标准委员会立项批复。

配合高标准农田建设通则修订，启动农田建设项目概算定额编制准备工作，拟通过相关研究分析，形成农田建设概算定额编制大纲，构建定额体系框架。在全面梳理分析现行农田建设和耕地质量相关标准的基础上，结合农田建设管理实践，筹备组建农田建设（耕地质量）行业标准化技术委员会。

耕地质量监测技术规范。2020年发布农业行业标准《耕地质量长期定位监测点布设规范》（NY/T 3701—2020），为耕地质量监测点布设提供依据。根据耕地质量监测工作需求，修订完成《耕地质量监测技术规程》，制定印发《黑土地耕地质量监测技术规范》，组织制定并试行九大农区和各省耕地质量监测指标分级标准，不断规范监测工作。

高标准农田建设和高效节水灌溉

高标准农田建设和高效节水灌溉任务完成情况

高标准农田建设和高效节水灌溉年度任务连续超额完成。党中央、国务院高度重视农田建设。国务院每年召开冬春农田水利基本建设电视电话会议，统筹部署推动高标准农田建设和高效节水灌溉工作。2018年机构改革以来，农业农村部党组多次专题研究部署，指导地方把农田建设作为推动"三农"工作的中心任务，推动各地加快推进高标准农田建设和高效节水灌溉任务完成。2019年、2020年全国新增高标准农田和高效节水灌溉均超额完成年度目标任务。

据统计，2019年全国新增高标准农田8 150万亩（年度任务8 000万亩），全国新增高效节水灌溉2 190万亩（年度任务2 000万亩）。

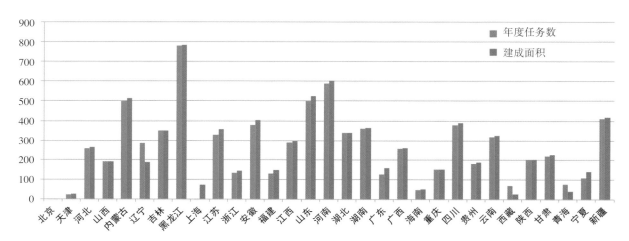

2019年全国各省份高标准农田建设完成情况（万亩）

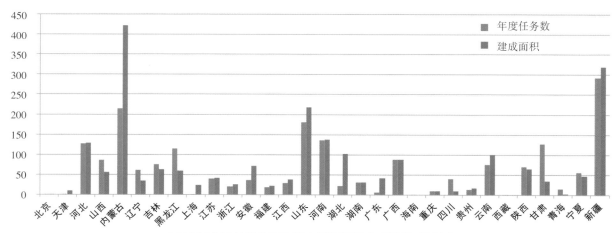

2019年全国各省份高效节水灌溉建设完成情况（万亩）

2020年全国新增高标准农田8 391万亩（年度任务8 000万亩），全国新增高效节水灌溉2 395万亩（年度任务2 000万亩）。

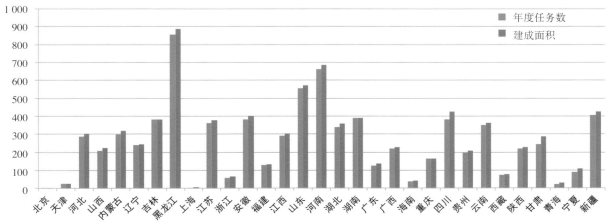

2020年全国各省份高标准农田建设完成情况（万亩）

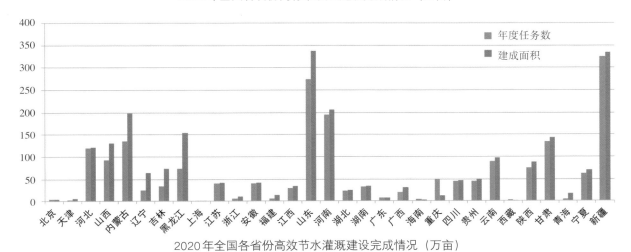

2020年全国各省份高效节水灌溉建设完成情况（万亩）

从区域分布看，截至2020年，全国已完成8亿亩高标准农田建设任务，13个粮食主产省累计建成高标准农田面积约占全国总量的70%，为稳定我国粮食安全格局发挥了重要作用。

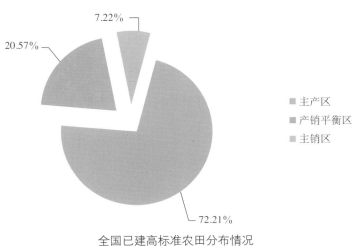

全国已建高标准农田分布情况

资金筹措途径有效拓宽。2018年机构改革后，高标准农田建设中央财政资金主要由财政部管理的中央财政转移支付农田建设补助资金和国家发展改革委管理的中央预算内投资两个渠道组成。2019年、2020年分别落实中央财政资金859亿元、867亿元。此外，各地积极拓展投资渠道，加大高标准农田建设投入。江西、山东、四川等9省探索通过发行专项债务、利用新增耕地指标调剂收益等方式创新投融资模式。截至2020年底，各地共发行专项债、抗疫特别国债、一般债近200亿元用于高标准农田建设。

高标准农田建设评价激励

2018年，国务院办公厅印发《关于对真抓实干成效明显地方进一步加大激励支持力度的通知》（国办发〔2018〕117号），将高标准农田建设作为国务院实施的30项督查激励措施之一。农业农村部按照要求，制定印发了《高标准农田建设评价激励实施办法（试行）》（农建发〔2019〕1号），每年对各省份高标准农田建设工作开展综合评价。高标准农田建设评价激励工作开展三年来，充分激发和调动了各地开展高标准农田建设的积极性、主动性和创造性，有力推动了建设任务完成，发挥了"指挥棒"和"促进器"作用。主要开展了以下工作：

开展年度评价激励工作。依据《高标准农田建设评价激励实施办法（试行）》，连续三年对各地高标准农田年度建设成效情况开展评价，组织31个省份开展省级自评并报送佐证材料，委托第三方机构赴有关省份开展实地评价，结合各地自评、实地评价、日常工作调度等情况，形成综合评价结果，将综合排名靠前的4个省份和较上年排名提升最多的1个省份作为拟激励省份，报送国务院审定并予以通报表扬，在安排年度农田建设中央财政补助资金时予以倾斜支持。2018年以来，先后对江苏、安徽、江西、黑龙江、广东、河南、山东、四川、甘肃9省进行了14省次的通报表扬，每省每次激励资金2亿元。农业农村部办公厅印发关于高标准农田建设综合评价结果的通报，对建设成效较好、评价结果靠前的省份进行表彰，对工作进展滞后、评价排名靠后省份进行督促。

组织开展第三方实地评估。为有效支撑年度高标准农田建设评价激励工作，充分发挥第三方公平、客观等优势，2019年以来以政府购买服务方式，委托具有一定技术条件、熟悉农田建设业务的社会化服务机构，对各省级高标准农田建设进展和成效情况开展实地评估。推动建立由科研院所、高等院校、企事业单位等专家组成的专家库，为农田建设监督评价工作奠定基础。

"十二五"以来高标准农田建设清查评估

"十二五"以来，各有关部门已围绕高标准农田建设实施过不同项目。机构改革形成农田建设统一管理格局后，为全面摸清各地"十二五"以来已建成高标准农田的数量、质量、分布和利用状况，农业农村部组织开展高标准农田建设专项清查工作，对全国各级各类高标准农田建设项目进行全面摸底和清查评估，基本摸清了已建成高标准农田底数。

筹备开展清查评估工作。一是制订工作方案。组织有关单位，研究制定"十二五"以来建成高标准农田清查评估工作方案，明确评估范围、评估方式、实施步骤和时间节点等。二是组织开展调研座谈。2019年5月中旬，在河南省长垣县组织召开工作座谈会，河南、山东、江苏3地省市县三级农业农村部门代表参会，专题研究已建成高标准农田清查评估工作，讨论完善工作方案。三是开展清查评估工作试点。按照清查评估工作有关要求，指导河北省阜城县、景县，河南省淇县、永城市开展清查评估试点工作，会同有关技术单位成立专项工作组，赴试点县开展实地指导，为试点县顺利完成任务提供技术支撑。四是开展专项工作清查评估。9月初，按照部领导指示，开展高标准农田建设专项工作评估，派出10个专项评估工作组赴10个省20个典型县，深入开展调查评估，分析问题及原因。在此基础上，梳理汇总形成专项评估报告。

部署全面开展清查评估工作。 在清查评估试点工作的基础上，组织各级农业农村部门全面开展"十二五"以来全国高标准农田建设清查评估工作。一是印发工作通知。2019年9月，经商国家发展改革委、财政部、自然资源部、水利部等四部门同意，农业农村部印发《关于开展"十二五"以来高标准农田建设评估工作的通知》（农建发〔2019〕4号），指导各地做好清理检查、统一建库、套合比对、现场核实等工作。协调自然资源部门提供"十二五"以来高标准农田建设有关数据、最新年度土地利用现状图数据。二是强化技术指导。分别在哈尔滨、重庆、厦门举办培训班，对清查评估工作进行专项解读和技术培训，帮助各地厘清思路、有序推进。会同部工程建设服务中心等单位，及时制定上图入库工作指南、开发工具软件、编写操作手册、制作专题辅导视频和多媒体材料。组织有关技术人员赴黑龙江、河北、江苏、浙江、江西、湖北、广西、甘肃、宁夏等9个省区进行实地指导。11月下旬，在安徽省合肥市举办高标准农田建设评估工作培训班，围绕各地清查评估中的突出问题和薄弱环节，从政策和技术两个层面进行了讲解和操作演示。据统计，清查评估期间，共专题培训1 000余人次，回答问题咨询3万余人次。三是强化工作调度督促。清查评估涉及部门多、项目时间跨度长、工作量大、任务紧迫，成立了清查评估工作专班，制订推进方案，建立调度制度，定期督导检查，强化责任落实，确保按期完成任务。

基本摸清高标准农田建设底数。 经过全国各级农业农村部门的共同努力，2020年5月底，全国31个省份和新疆生产建设兵团全面完成清查评估工作，对9万多个项目、7亿多亩已建成高标准农田和1 000多万个地块空间坐标数据进行了全面核实。通过与全国土地利用现状图套合比对分析，基本摸清了全国已建成高标准农田的数量、质量、位置和利用状况，形成了全国高标准农田空间分布"一张图"，为后续精准指导高标准农田建设工作打下了较好基础。

高标准农田建后管护

做好高标准农田建设项目后期管护是确保田间工程设施长期发挥效益的关键。解决农田管护问题，落实责任是前提，解决管护资金渠道是关键。三年来通过系统梳理和总结全国各地的好经验好做法，比较成熟且具备推广价值的模式主要有三种：

以财政资金作为管护资金主要来源。 主要做法是以县级政府作为责任主体，通过财政资金保障，进一步将管护主体落到村组和村民。典型做法有江西省丰城市实施"田长制"管理，实行县、乡镇和村（社区）三级田长制，三级党政主要负责人为第一责任人，同时建立考核奖惩机制，对村组田长实行月补贴与年度奖励结合方式发放报酬。安福县按照每千亩设立一名"田保姆"的标准，推行高标准农田网格化管护，形成县、乡、村、组四级网格长管理格局，按年亩均20元标准由财政预算落实管护经费。江苏省淮安市洪泽区，将所有已建成高标准农田建设项目管护资金纳入农村公共服务运行维护费，实行预算管理，2019年落实管护资金1858万元。湖南省财政厅下达2020年省级农田建设资金1000万元，用于高标准农田建设管护奖补资金。

以第三方资本投入作为管护资金来源。主要做法是通过招标或委托第三方专业公司承包工程管护，或通过流转土地管护模式，由流转土地经营的家庭农场、农业生产公司或大户等新型经营主体进行管护。这种方式既为农民提供现代化农业生产技术服务，又落实了农田基础设施管护。典型做法有内蒙古赤峰市采用"投建管服一体化"模式实施高标准农田建设，引入社会第三方公司以灌溉设施设备等实物投入4800万元，建设高标准农田10.7万亩，后期在农业生产技术服务中，同步做好设施维护工作。既解决了资金投入不足，又实现了规模化生产和社会化服务，而且设施好用、管用，后期管护问题迎刃而解。上海光明食品集团（原上海农垦集团）2019—2020年承担了上海市3.76万亩高标准农田建设任务，总投资超过3亿元，项目实行一体化建设和管理，保障农田基础设施建设效益，同时负责农田设施后期管护。

以金融信贷基金保险作为管护资金来源。主要做法是创新金融手段，通过设立农田管护基金和管护保险的方式，解决高标准农田建设后期管护资金问题。典型做法有福建省泰宁县建立"商业保险防大灾、管护基金抢小灾、双管齐下共化灾"农田水利设施"双保险"管护机制。同保险公司签订合同，2017—2019年累计赔偿148.6万元，用于解决农田灾后修复资金缺口；在招投标合同中明确约定按农田建设项目投资总额1%提取建成后5年的项目管护费，同时从全县烟叶返税中提取2%、水资源使用费中提取30%，并统筹中央和省小型水利基础设施管护资金，建立水利设施管护基金，作为农田水利设施建后管护经费保障。湖南省2020年在岳阳市所辖的7个县开展农田建设管护保险试点，引入商业保险公司运用监理费聘请专业机构履行监理职责，试点保险金额1019.84万元。

高标准农田建设项目区（河南省农业农村厅提供）

耕地质量保护

黑土地保护利用

东北黑土地是我国极为宝贵的资源，是我国粮食安全的"压舱石"，是耕地中的"大熊猫"。由于长期高强度的开发利用和不合理的耕作方式，东北黑土地退化问题已十分严重，主要表现出"变薄、变瘦、变硬"问题。加强黑土地保护的任务艰巨、要求紧迫，需要多措并举、持续推进、久久为功。2018年机构改革以来，农业农村部积极落实《东北黑土地保护规划纲要（2017—2030年)》任务，持续推进东北黑土地保护与利用。

黑土地保护利用项目区（农业农村部耕地质量监测保护中心提供）

开展东北黑土地保护利用示范。 2018年以来中央财政每年投入8亿元，支持黑龙江、吉林、辽宁、内蒙古4个省份的32个县（市、区、旗）实施黑土地保护利用项目。先后印发关于做好东北黑土地保护利用工作的通知，引导项目县因地制宜探索不同区域黑土地保护利用综合技术模式，开展示范推广2 640万亩次，推动建立一批集中连片核心示范区。建成208个耕地质量长期定位监测点，项目区土壤有机质提升3%以上，耕作层恢复到25厘米以上。

加强黑土地保护利用调查和指导。 2018年10月、2019年7月，两次组织技术人员赴黑龙江、吉林、辽宁3省开展专题调研，了解项目进展情况及技术实施效果，指导地方开展保护利用工作。2020年11月，组织农业农村部耕地质量监测保护中心、东北4个省份农业农村厅、土肥站、中国科学院东北地理与农业生态研究所、沈阳农业大学等部门组成5个调研组，赴东北4个省份12个项目县（市、区、旗），调研指导2019—2020年东北黑土地保护项目示范面积落地、资金使用、技术模式、农民参与度等情况。

总结黑土地保护利用情况。 认真梳理总结"十三五"以来农业农村部会同相关部门和东北4个省份贯彻落实党中央、国务院决策部署，开展东北黑土地保护利用工作的成效进展，提出进一步做实做细工作措施，形成了《农业农村部关于东北黑土地保护利用工作情况的报告》，报送国务院。

做好国家黑土地保护工程前期研究。 2020年末，启动关于国家黑土地保护工程的前期研究工作。先后赴东北4个省份开展调研，多次召集土壤培肥、农业区划、土壤侵蚀治理、工程建设等方面专家开展专题研讨，调度有关部门及地方黑土地保护实施情况等。系统梳理黑土地保护政策及实施情况，分析问题及成因，明确治理思路、技术路径，确定目标任务与重点举措，研究起草国家黑土地保护工程实施方案。

退化耕地治理示范

当前我国耕地质量保护与提升面临严峻形势，耕地质量总体不高，局部耕地酸化、盐碱化等退化趋势加重。据不完全统计，我国强酸性耕地和盐碱耕地面积之和已经超过4亿亩，土壤酸化和盐碱化已成为制约我国耕地质量提升、农业高质量发展的突出问题。

为落实藏粮于地、藏粮于技战略，守牢耕地质量红线，确保国家粮食安全，2020年中央财政投入2.8亿元农业资源及生态保护补助资金启动退化耕地治理试点项目。2020年6月，农业农村部办公厅印发《关于做好2020年退化耕地治理与耕地质量等级调查评价工作的通知》（农办建〔2020〕4号），在江苏、浙江、安徽、福建、江西、山东、河南、湖北、湖南、广东、广西、重庆、四川13个省份土壤pH小于5.5的强酸性耕地上开展酸化土壤综合治理试验示范200万亩，集成示范施用石灰质物质和酸性土壤调理剂、种植绿肥还田、增施有机肥等治理模式。在河北、山西、内蒙古、吉林、山东、河南、甘肃、宁夏8个省份已建成的高标准农田区域开展轻、中度盐碱耕地综合治理试验示范80万亩，集成示范施用碱性土壤调理剂、耕作压盐、增施有机肥等治理模式。推动建立150余个集中连片综合示范区。

耕地质量监测

耕地质量监测是《农业法》和《基本农田保护条例》赋予农业农村部门的重要职责之一，是贯彻落实《耕地质量调查监测与评价办法》（农业部令2016年第2号）的重要抓手，也是农业农村部门的一项基础性、公益性和长期性工作。农业农村部一直高度重视耕地质量监测工作。开展耕地质量长期定位监测是发展和建立耕地保护理论与制度、指导农业生产的重要基础和依据，对揭示耕地质量变化规律、切实保护耕地、促进农业可持续发展具有重要意义。

加强国家耕地质量监测体系建设。 加快构建国家级、省级、市级、县级耕地质量监测网络，截至2020年底，全国已布设近2万个监测点。其中，国家级耕地质量监测点扩展至1 344个，省、市、县监测点约1.8万个。

加强耕地质量专项监测。2019年，农业农村部、财政部联合印发《关于做好2019年耕地轮作休耕制度试点区域耕地质量监测评价工作的通知》（农农发〔2019〕2号），加强对轮作休耕制度试点区等重点区域专项监测。2020年，启动高标准农田建设项目区耕地质量专项监测评价试点，为评估重大项目实施、持续提升耕地质量提供基础数据支撑。

发布全国耕地质量监测报告。编制并发布年度国家耕地质量监测评价报告。2019年，系统提炼耕地质量30年监测成果，总结耕地质量变化规律，形成《我国耕地质量主要性状30年变化情况报告》。

耕地质量调查评价

开展耕地质量调查评价，全面摸清耕地质量家底，是一项基础性、公益性、长期性工作，能为坚守耕地质量红线，实现藏粮于地、藏粮于技战略提供重要支撑。耕地质量调查评价是进一步做好耕地质量建设、管理、保护、监督等工作的前提和基础。

健全耕地质量调查评价制度与标准体系。依据《耕地质量调查监测与评价办法》（农业部令2016年第2号），建立了每5年定期发布耕地质量等级信息的制度。推动完善《耕地质量等级》（GB/T 33469—2016）国家标准，规范调查评价工作。与自然资源部门协调，明确将耕地质量等级调查评价纳入国土"三调"工作同步推进。

有序推进全国耕地质量调查评价工作。依据《耕地质量等级》国家标准，启动新一轮全国耕地质量等级调查评价工作，在全国布设20多万个样点，进行土壤调查和采样。2020年发布《2019年全国耕地质量等级情况公报》（农业农村部公报〔2020〕1号），2019年耕地质量平均等级为4.76，较2014年提升了0.35个等级。

启动全国耕地质量等级变更评价和补充耕地质量等级评价试点工作。2020年，印发《关于做好2020年退化耕地治理与耕地质量等级调查评价工作的通知》，在全国31个省份，以县域为单位，对年度间耕地质量发生明显变化的区域开展耕地质量等级年度变更评价，在河北、内蒙古、上海、江苏、浙江、安徽、山东、河南、湖北、湖南、广西、海南、重庆、陕西14个省份的100个县（市、区）开展补充耕地质量等级评价试点工作。

国际合作与交流

农业综合开发国际合作项目

2018年机构改革后，农田建设管理司顺利承接了由财政部划转至农业农村部的农业综合开发国际合作项目（以下简称"国际合作项目"）管理职能。国际合作项目综合运用中央财政资金（即外方贷赠款资金）、地方财政资金和自筹资金等多种方式共同支持项目建设。其中，外方贷款资金本息由中央财政统借统还，这相当于是对地方的无偿补助，不仅能够较好地弥补国内农田建设财政资金投入不足的缺口，还能够充分发挥财政资金的"撬动"作用，带动更多的金融资本、社会资本等投入项目建设。

正在实施的国际合作项目

正在实施的国际合作项目主要包括贷款项目、贷赠款混合使用项目、技援项目等。农田建设管理司坚持以项目实施为抓手，充分借鉴国际金融组织先进理念和典型经验，通过打造国际合作试点示范新平台，助力农田建设事业。

利用亚洲开发银行贷款农业综合开发长江绿色生态廊道项目。该项目总投资30亿元人民币，其中利用外资3亿美元，项目涉及长江中上游湖北、湖南、重庆、四川、贵州和云南6个省份47个县，主要实施现代农业工程建设、农业面源污染防治工程建设和机构能力建设。**一是加强基础设施建设，建立现代化农业体系。**致力于改善农业生产体系，提高生产力，增强农业应对气候变化的能力，实现可持续发展。截至2020年底，已建成渠道24.09公里、截排水沟14.99公里、沉砂池77座、附属构筑物139座、机电排灌站7座、蓄水池180座，维修山塘47口，铺设农村道路160.76千米，购置农业机械9套。**二是加强农业面源污染治理，坚持生态优先绿色发展。**始终将农业生产发展与生态保护有机结合，加强流域生态保护和水土流失治理。截至2020年底，已累计建成四格厌氧净化池4 411.5立方米，购置病虫害防治设备73台（套），测土配方施肥799.08公顷，有机肥推广113.97公顷，新建生态经济林85.71公顷，完成河堤生态护岸护坡工程4.22公里、坡改梯工程97.2公顷。**三是推动机构能力建设，提升项目管理水平。**先后组织管理人员赴美国开展农业区域生态治理培训，赴菲律宾亚行总部进行政策对话，为项目实施提供国际经验借鉴。同时，督促地方加大基层管理人员培训力度。截至2020年底，已累计完成国外培训4.5人月、国内培训107人月，指导地方完成技援咨询8人月、农民培训83人月。

国际农业发展基金贷款优势特色产业发展示范项目。该项目总投资10亿元人民币，其中利用外资8 000万美元，项目涉及四川、宁夏2个省份10个县，主要实施公共基础设施和气候智慧型生产基地建设、价值链建设以及项目管理。**一是补齐传统农业短板，创新气候智慧型生产。**截至2020年底，项目已建成砌护支渠19.25公里、砌护斗农渠3.93公里，治理支沟3公里，新建支沟配套建筑物120座，安装低压管道33公里，新建改建机电排灌站5座，建设温室大棚4万平方米、养殖基地圈舍3.6万平方米、饲料库97.2平方米、饲草棚800平方米、青贮池4 920平方米、管理房和消毒池234平方米、养殖粪污处理设施200平方米。**二是推进价值链建设，助力脱贫攻坚。**借助国际农业发展基金商业计划平台，通过资金、技术支持和专家指导，推进价值链建设，助力脱贫攻坚。2020年，项目区受益农户总数17 677户，其中贫困户3 139户。受益总人数超过6万人，合作社理事会成员中妇女和小农户的占比分别达到30.77%和7.69%。已与33家合作社签订并实施商业计划，选择四川1家合作社作为农超对接试点，与中国国际航空公司等20家大企业确定合作关系。**三是传播先进理念，转变发展方式。**通过开展项目现场观摩、国内培训等多种学习交流活动，推广合作社先进发展理念，创新销售模式，解决产品销路难题；依托龙头企业，发展订单农业，采用标准化种养殖和加工模式，帮助1.13万户小农户收入翻番。吸引青年返乡创业，已成立2家由大学生成立的合作社。积极推动合作社与科研院所合作，扶持合作社产品获得绿色食品认证，入驻国家农产品质量追溯平台。国内外多家新闻媒体先后多次报道项目建设情况，项目的社会和国际影响不断扩大。

亚洲开发银行黄河流域绿色农田建设和农业高质量发展战略研究项目。该项目是农业农村部首个亚洲开发银行知识合作技术援助"旗舰项目"，获得亚洲开发银行赠款30万美元。2020年底，项目已正式启动实施，主要在黄河流域绿色农田建设和农业高质量发展理论和政策、内容设计、技术选择等方面开展研究，研究成果为后续亚洲开发银行贷款黄河流域绿色农田建设和农业高质量发展项目的实施奠定坚实基础。

亚洲开发银行贷款农业综合开发长江绿色生态廊项目贵州省碧江区滑石乡田间主干道路

即将开展的国际合作项目

即将开展的国际合作项目类型多样，主要包括贷款项目、赠款项目等。

亚洲开发银行贷款黄河流域绿色农田建设和农业高质量发展项目。该项目是农业农村部首个单独申请的中央财政统借统还贷款项目。2020年底，项目已获得国务院批准，被列入亚洲开发银行备选项目规划。项目计划总投资30亿元人民币，其中利用亚洲开发银行贷款2亿美元，拟在黄河流域青海、甘肃、宁夏、陕西、山西、河南和山东7个省份实施绿色高标准农田建设、农业生态治理、农业高质量发展和脱贫攻坚成果巩固等内容。项目计划于2023年启动，实施期为5年。

全球环境基金长江流域农业废弃塑料处理项目。该项目将采用与目前正在实施的利用亚洲开发银行贷款农业综合开发长江绿色生态廊道项目联合融资的方式，由全球环境基金提供赠款500万美元，在长江中上游湖南、重庆和四川3个省份3个县，开展农业废弃塑料处理工作。2020年底，项目已获全球环境基金理事会批准，工作方案正在编制过程中。

国际农业发展基金贷款优势特色产业发展示范项目宁夏回族自治区原州区温室大棚

国际交流工作

积极参加联合国粮食及农业组织（FAO）全球土壤伙伴关系（GSP）全会、世界土壤学大会、国际黑土联盟（INBS）相关活动，参与亚洲土壤伙伴关系（ASP）相关工作。加强耕地质量监测保护相关技术国际交流。2019年，先后组团赴英国、澳大利亚、日本等国家进行耕地质量监测与保护相关学习交流，学习各国在耕地质量培肥改良、区域性土壤退化治理、耕地投入品监管、农田工程建设技术、土壤样品库建设等方面的先进经验，全面提升国际合作交流的水平。

基础支撑保障

农田信息化建设

国务院办公厅《关于切实加强高标准农田建设 提升国家粮食安全保障能力的意见》明确提出，要运用遥感监控等技术，建立农田管理大数据平台，以土地利用现状图为底图，全面承接高标准农田建设历史数据，统一标准规范和数据要求，将各级农田建设项目立项、实施、验收、使用等各阶段相关信息上图入库，建成全国农田建设"一张图"和监管系统，实现有据可查、全程监控、精准管理、资源共享。为此，农田建设管理司组织建设了全国农田建设综合监测监管平台。

超前谋划农田建设信息化工作。2018年机构改革后，将推进农田建设信息化作为重要工作安排，成立信息化建设工作领导小组，加强组织领导，强化与部内相关司局工作协调和沟通，通过竞争性措施确定农田建设信息化建设工作承接主体，组织编制信息化建设需求，研究构建农田管理信息化平台的总体框架。

推动信息化建设项目立项。聚焦农田建设新形势新要求，进一步梳理分析业务需求，组织项目承担单位编制项目可行性研究报告，协调配合相关司局开展项目意见征求、专家评审等工作。2020年6月下旬，农田建设信息化建设项目"全国农田建设综合监测监管平台"获得立项批复。

全国农田建设综合监测监管平台

加快全国农田建设综合监测监督平台项目建设进度。督促项目承担单位尽快完成项目初步设计，推动项目进入实质性建设阶段。建立项目任务进展调度机制，每月掌握项目进展情况，及时做好统筹协调，组织提出下一步工作计划。积极协调全国农田建设综合监测监管平台开发单位做好业务需求对接，加快模块功能设计、开发和调试工作。截至2020年底，全国农田建设综合监测监管平台已实现分步上线运行，入库项目超过10万个，上图面积超过8亿亩，其中2019年以来新立项项目入库超过2万个，上图面积超过2亿亩，基本实现项目建设立项、建设、竣工验收等全流程在线监管。

利用现代信息技术开展监测监管。充分利用互联网＋、遥感等现代信息技术优势，提高农田建设监测评价水平和效率。组织开展高标准农田建设项目遥感监测试点，应用高分辨率遥感卫星，2019年首次对全国50万亩高标准农田建设项目开展工程建设监测试点；2020年按照高标准农田建设项目全生命周期监测监管要求，在全国30个省份随机抽取了100个已建和在建高标准农田建设项目，重点开展高标准农田建设进度、规模、利用等监测。组织开发高标准农田建设实地核查APP，利用移动终端对高标准农田建设工程、质量、利用等情况开展实时影像监测和评价。

体系队伍建设

农业农村部设立农田建设管理司。2018年机构改革彻底改变了以往农田建设领域"五牛下田""九龙治水"的分散局面。2018年9月，农业农村部组建农田建设管理司，负责履行农田建设管理职能，相关人员分别来自财政部、自然资源部、水利部、农业农村部4个部委，自然资源部和水利部相关技术支撑力量也划转到了农业农村部，在中央层面实现了农田建设管理队伍的平稳有序转接。为加快推动农田建设管理各项工作，农田建设管理司将耕地质量监测保护中心、工程建设服务中心、中国农业科学院农业资源与农业区划研究作为技术支撑单位，加强工作业务协同配合，部级层面初步搭建了"一个系统、三驾马车"的队伍体系，有效保障了新阶段农田建设工作高质量推进。

地方农田建设管理机构队伍逐步健全。各地坚持上下一盘棋，自觉把农田建设工作融入"三农"工作大局，比照农业农村部机构队伍建设的做法，结合实际整合相关部门职能和工作力量，逐步健全地方农田建设管理机构队伍。全国34个省、自治区、直辖市、计划单列市和新疆生产建设兵团农业农村厅（局）均正式设立农田建设管理处，专门从事农田建设和耕地质量管理工作，机构人员均已配备到位。省、市、县三级农田建设机构队伍陆续完成转隶和组建，有效保障了农田建设各项职责任务的顺利履行，机构改革实现了从"物理变化"到"化学反应"的深度融合。江西、辽宁、河北、广东、贵州、宁夏等近20个省份组建了相关事业单位或工作专班，为农田建设、耕地质量管理等提供技术支持和服务。据信息系统调度，2020年全国共有37个省级单位、385个地市级单位、3 541个县级单位设立了农田建设管理工作机构队伍，组织实施了农田建设管理项目。

强化农田建设培训。为提升高标准农田建设、耕地质量管理和外资项目管理水平，2018年以来，农业农村部加大农田建设系统培训工作力度，围绕乡村振兴战略有关政策、高标准农田建设、耕地质量保护、东北黑土地保护利用、信息化建设、外资项目管理等内容，累计举办了20余次专题培训，制作培训课件，编制印发专题培训讲义，开展线上线下工作指导。同时，指导和推动各地围绕中心工作，组织分级分类培训，进行政策解读、技术指导和经验分享，累计培训省、市、县各级人员2万余人次，合力打造一支高素质、专业化的农田建设管理干部队伍。

粮食安全省长责任制考核

为深入贯彻新形势下的国家粮食安全战略，全面落实地方粮食安全主体责任，切实保障国家粮食安全，依据《国务院关于建立健全粮食安全省长责任制的若干意见》，2015年国务院办公厅印发《粮食安全省长责任制考核办法》，明确粮食安全省长责任制考核目的、对象、组织、步骤和原则，并对监督检查、考核内容、评分办法、实施步骤、结果运用、工作要求等具体事项作了明确规定。

按照《粮食安全省长责任制考核办法》要求，农田建设管理司牵头对全国31个省份高标准农田建设及耕地质量保护两方面内容进行考核。为落实国务院关于减轻基层负担的有关要求，简化细化考核指标，结合农田建设监测监管平台数据、评价激励、日常调度、实地评估、省级提交相关佐证材料等日常监测监管中掌握了解的情况，对各省份自评结果进行分析验证，并按照评分依据和标准对各省份考核内容进行逐项评审打分，考核结果体现梯次性差异，公平公正客观反映各地工作实绩。

新疆生产建设兵团高标准农田（七师胡杨河市融媒体中心提供）

全国冬春农田水利基本建设电视电话会议精神

2018年：全国冬春农田水利基本建设电视电话会议

全国冬春农田水利基本建设电视电话会议11月14日在京召开。会议以习近平新时代中国特色社会主义思想为指导，全面贯彻党的十九大和十九届二中、三中全会精神，认真落实《政府工作报告》要求和国务院有关部署，深入分析当前农田水利建设面临的新形势和新任务，动员部署今冬明春农田水利基本建设工作。

中共中央政治局常委、国务院总理李克强对会议作出重要批示。批示指出：加强农田水利基本建设，藏粮于地藏粮于技，是保障国家粮食安全、推动现代农业发展的重要举措。各地区各相关部门要以习近平新时代中国特色社会主义思想为指导，认真贯彻党中央、国务院决策部署，围绕实施乡村振兴战略，结合促进补短板领域有效投资，强化规划布局，突出提升防灾抗灾减灾能力，进一步推进农田水利和重大水利工程建设。要压实各级政府责任，深化相关改革，加快构建集中统一高效的农田建设管理新体制。要建立投入稳定增长机制，加强建设资金源头整合，大力吸引社会资金投入，千方百计调动广大农民参与农田水利基本建设和日常管护的积极性，为夯实我国农业生产能力基础、更好保障粮食安全和主要农产品有效供给、促进农民增收和农村现代化建设作出新贡献。

中共中央政治局委员、国务院副总理胡春华出席会议并讲话。他强调，要认真贯彻习近平总书记重要指示精神，落实李克强总理批示要求，坚持不懈地大兴农田水利，加快建设高标准农田，不断巩固和提升农业综合生产能力，为保障国家粮食安全和农业可持续发展提供强有力的支撑。

胡春华指出，加强农田水利基本建设，要把高标准农田作为主战场，完善投入机制和建设标准，强化质量管理，确保按时保质完成建设任务。要继续抓好重大水利工程建设，加快灌区现代化改造，完善农田防汛抗旱设施，健全运行管护机制，实现大中小微水利工程设施衔接配套。要大力发展高效节水灌溉，促进节水灌溉与农技、农艺、农机结合，持续深化农业水价综合改革，不断提高水资源利用效率。各级政府要加大资金投入和整合力度，加强跟踪问效，积极引导农民和社会资本参与建设运营。

胡春华强调，要认真对照全面建成小康社会目标，系统谋划当前和今后两年农业农村重点工作，确保顺利完成任务。要认真做好秋粮收购、冬春农业生产、非洲猪瘟等动物疫病防控和"大棚房"问题整治整改等工作。

《李克强对全国冬春农田水利基本建设电视电话会议作出重要批示》

新华社2018年11月14日

2019年：全国冬春农田水利基本建设电视电话会议

全国冬春农田水利基本建设电视电话会议11月12日在京召开。会议深入学习贯彻习近平总书记重要指示精神，认真落实李克强总理重要批示要求，总结交流各地经验做法，动员部署今冬明春和今后一个时期农田水利基本建设工作。

中共中央政治局常委、国务院总理李克强对会议作出重要批示。批示指出：农田水利及高标准农田建设，是关系农业综合生产能力、国家粮食安全和现代农业发展的大事。各地区各相关部门要坚持以习近平新时代中国特色社会主义思想为指导，认真贯彻党中央、国务院决策部署，围绕补短板、增后劲，扩大农业有效投资，促进我国农业整体竞争力提升。做好今冬明春农田水利建设尤其是水毁工程修复各项工作，抓紧开工建设一批重点水利工程，增强农业防灾抗灾减灾能力。要实施好藏粮于地藏粮于技战略，加强规划布局，把高标准农田建设摆在更加突出的位置，作为落实粮食安全省长责任制的重要内容，扎实推进建设，健全农田管护机制。要保障好支农投入，吸引社会力量积极参与，聚集更大合力，不断巩固农业基础，推动农业高质量发展。

中共中央政治局委员、国务院副总理胡春华出席会议并讲话。他强调，要深入贯彻习近平总书记重要指示精神，认真落实李克强总理批示要求，按照党中央、国务院的决策部署，扎实做好今冬明春农田水利基本建设工作，为保障国家粮食安全、供水安全、防洪安全和促进乡村全面振兴提供坚实支撑。

胡春华指出，高标准农田是农田水利基本建设的主阵地，要以提高粮食产能为核心，分区域分类型确定建设标准和产粮定额，严把建设质量，加强精准管理，确保到2022年建成10亿亩后全国稳定可靠的粮食产能达到1万亿斤，从而保障谷物基本自给、口粮绝对安全。要扎实推进农村饮水安全巩固提升工程，全面梳理盘点进展情况，加强达标验收和督导考核，加快建立长效管护机制。要抓紧开展防汛抗旱基础设施建设，加快病险水库除险加固，强化中小河流和山洪灾害治理，加强灌区续建配套与现代化改造，大力开展小型农田水利工程建设。要着力抓好重大水利工程建设，已批复项目要抓紧开工建设，已开工项目要加快建设进度，积极谋划一批新的重大项目，进一步提高防汛抗旱和水资源配置能力。要全面强化农田水利基础设施运行管护，压实管护责任，健全管护机制，多渠道落实管护经费，确保工程设施长期发挥效益。

《李克强对全国冬春农田水利基本建设电视电话会议作出重要批示》

新华社2019年11月12日

2020年：全国冬春农田水利暨高标准农田建设电视电话会议

全国冬春农田水利暨高标准农田建设电视电话会议11月12日在京召开。中共中央政治局常委、国务院总理李克强作出重要批示。批示指出：近年来，我国农田水利和高标准农田建设取得显著成绩，为农产品稳产保供、稳定经济社会发展大局作出了重要贡献。各地区各有关部门要坚持以习近平新时代中国特色社会主义思想为指导，认真贯彻党中央、国务院决策部署，深入实施藏粮于地、藏粮于技战略，持续推进农田水利和高标准农田建设，做好灾毁设施修复工作，加快补齐农业基础设施短板，不断提高重要农产品有效供给能力，夯实粮食安全、农业现代化基础。健全多元化投入机制，加强财政资金保障，充分调动社会资金投入和广大农民参与的积极性。要抓住冬春有利时机，保质保量完成好各项建设任务，完善管护机制，为确保国家粮食安全、推动农业高质量发展提供有力支撑。

中共中央政治局委员、国务院副总理胡春华出席会议并讲话。他强调，要深入贯彻习近平总书记重要指示精神和党的十九届五中全会精神，落实李克强总理批示要求，按照党中央、国务院决策部署，扎实推进农田水利和高标准农田建设，加快完善水利基础设施体系，为全面实施乡村振兴战略、全面建设社会主义现代化国家提供有力支撑。

胡春华指出，"十三五"时期农田水利和高标准农田建设取得显著进展，为有效防御近年来的水旱灾害、特别是成功夺取今年大灾之年的粮食和农业丰收发挥了重要作用。要坚持不懈加强农田水利基础设施建设，抓紧修复灾毁设施，扎实做好今冬明春防汛抗旱各项准备，加快健全农业灌溉设施体系、补齐防汛抗洪设施短板。要大力推进高标准农田建设，抓紧编制新一轮全国建设规划，加大资金投入，严格保护利用，保质保量完成建设任务。要全面提升农村供水保障水平，加快升级改造供水设施，增强供水稳定性，推广节水技术和措施，提高用水效率。要抓好重大水利工程建设，加快建设进度，强化质量监管，提高水资源优化配置能力。要认真研究谋划"十四五"水利发展，中央有关部门要规划好国家骨干水网建设，各地要规划好对接建设，设计好具体建设项目，加快推进水利现代化。

《李克强对全国冬春农田水利暨高标准农田建设电视电话会议作出重要批示》

新华社2020年11月12日

地 方 篇

推进高标准农田建设纪实

河北省：

扛牢农业大省责任　夯实粮食安全基础

河北省东临渤海，内环京津，西倚太行，北揽燕山，是全国唯一兼有高原、山地、丘陵、平原、湖泊和海滨等多种地形地貌的省份，全域面积19万平方公里，是全国13个粮食主产省之一，也是小麦、玉米主产区，承担着保障国家粮食安全的重要使命。近年来，河北省认真贯彻落实习近平总书记关于高标准农田建设的重要指示精神，深入实施藏粮于地、藏粮于技战略，依托独特区位优势，因地制宜，突出特色，大力推进高标准农田建设，同步发展高效节水灌溉。截至2020年底，全省已累计建成旱涝保收、高产稳产的高标准农田4462万亩，占全省耕地、永久基本农田面积的45.6%、57.4%。2020年河北粮食总产量达379.6亿公斤，连续8年稳定在350亿公斤以上，高标准农田建设发挥了"基本盘""压舱石"的保障作用。

一、扛牢责任、统筹推进，全面落实任务

河北省始终把加强农田水利建设、保障粮食安全作为实施乡村振兴战略的首要任务，坚持高标准农田建设和高效节水灌溉统筹推进、同步实施。**一是理顺体制机制。** 2019年以来，河北省将发展改革、财政、国土、水利等部门相关项目管理职责整合，划入省农业农村厅，解决了"九龙治水、五牛下田"的问题。省农业农村厅设立农田建设管理处及耕地质量监测保护中心，各市县农业农村局也相应设立了农田建设管理科（股），配齐人员队伍，为高标准农田建设提供了强有力的组织、人员及技术保证。**二是统筹谋划推进。** 制定出台了《关于切实加强高标准农田建设　提升粮食安全保障能力的实施意见》等系列政策意见，将高标准农田建设目标列入乡村振兴

战略、粮食安全省长责任制、耕地保护等考核内容，与遏制"非粮化"、利用"撂荒地"、耕地地力提升补贴等统筹谋划推进，强化定期调度和督导考评。将财政补助资金和中央预算内资金统一安排，并与省财政厅联合下达任务清单，推进高标准农田建设统一规划布局、统一建设标准、统一组织实施、统一验收考核、统一上图入库"五统一"实施。**三是超额落实任务**。2019年、2020年，国家分别下达河北省高标准农田建设任务260万亩、286万亩，同步发展高效节水灌溉127万亩、120万亩，河北省实际落实高标准农田建设280万亩、300万亩，同步发展高效节水灌溉140万亩、150万亩，均超额完成目标任务。2020年河北粮食播种面积、总产超额完成，单产创历史新高，总产增量全国第四，高标准农田建设为之提供了强有力支撑。

二、突出重点、整县推进，保证粮食安全

粮食安全是维护国家安全的重要基石，是增进民生福祉的重要保障，是应对风险挑战的重要支撑。河北省坚持以产粮大县、粮食生产功能区和重要农产品保护区为重点，优先向"两区"安排新建高标准农田，力争到2022年将"两区"全部建成高标准农田，打造河北粮食生产核心区。**一是总体规划**。全面落实《乡村振兴战略规划（2018—2022年）》《河北省高标准农田建设总体规划（2015—2020年）》要求，以产粮大县及"两区"为重点，统筹各市县基础资源、工作成效、脱贫攻坚任务等因素，聘请农、林、水等专家进行广泛勘察论证，科学合理制定全省高标准农田项目中长期发展规划，明确建设重点和目标定位，并作为安排年度项目的重要依据，逐年度分步推进。各市县结合当地实际制定了总体规划。**二是整县推进**。以全省85个产粮大县为重点，分批次每年安排10个县进行整县推进，2021年达到30个县，每个县建设规模不低于5万亩、最高达10万亩，集中投入，连片治理，规模开发。通过土地平整、土壤改良、灌溉排水与节水措施、田间机耕道建设、农田防护与生态环境保持措施、农田输配电等多种措施的综合实施，补齐农业基础设施短板，增强防灾减灾抗灾能力，打造高标准农田高质量发展示范区、粮食生产核心区。**三是提升地力**。将高标准农田建设与遏制"非粮化"、利用"撂荒地"、耕地地力提升补贴等统筹安排，积极落实耕地保护、耕地质量监测保护提升等，丰富高标准农田建设内涵。完成2019年度全省耕地质量监测点的土壤样品检测工作，获得大量土壤监测数据，为全省农业生产提供最新数据支撑。对2017—2019年休耕区域耕地质量进行了总体评价，为全省轮作休耕工作的开展提供翔实的数据、资料、对策建议等，进一步探索退化耕地治理途径。

三、因地制宜、分类实施，发展高效节水

水利是农业的命脉。河北省可利用水资源量不足170亿立方米，年均使用量205亿立方米，属于典型的资源型缺水省份。人均水资源占有量307立方米，不及国际公认的人均1 000立方米重度缺水标准的1/3，亩均水资源占有量211立方米，仅为全国平均值的1/7。全省9市的127个县（市、区）地下水超采面积67 073平方公里。针对严重缺水实际，河北省坚决落实习近平总书记关于治理华北地下水超采的重要指示精神，坚持节水为先，大力发展高效节水灌溉，建设绿色高标

准农田。**一是源头节水**。采取最严格的地下水开采限制制度，严控新打机井；确需取用地下水的，需经省人民政府取水审批机关审批。高标准农田建设与地表水源置换、地下水压采、农业水价综合改革等紧密结合，大力兴建拦、蓄、引等工程，因地制宜建设小型水源工程，采取新建河坝、坑塘等工程拦蓄地上水，开挖水窖、修筑集雨池等集雨工程，蓄积自然降水，充分利用地表水。如衡水市近两年高标准农田全部与地表水源置换对接，充分利用南水北调、石津灌区、滏阳河等水源，实现了地表水替代地下水。**二是工程节水**。高标准农田建设投资重点用于农田水利，突出加强农田水利设施建设。在利用地表水的地区，干、支、斗、农、毛渠配套，全部防渗渠道输水，实现农田输水全覆盖，解决农田灌溉"最后一公里"问题。在利用地下水的地区，采用地下管道输水，亩均铺设地下管道8米以上，并在出水口配备小白龙、消防带等，消灭土垄沟，强化灌溉末级节水。大力发展管道输水、喷灌、微喷等高效节水灌溉，推进高效节水灌溉规模化、集约化，全部配套计量设施。2020年全省实现农业节水7.98亿立方米，占全省节水总量一半以上。在张家口坝上地区，推进滴灌替代喷灌、智能滴灌替代普通滴灌"双替代"工程，全面提高农业灌溉用水效率和水资源利用率。唐山市级财政投入4000万元、亩均投入400元，在高标准农田建设基础上发展水、肥、药、墒一体化智能灌溉10万亩，项目建成后可提高土地利用率5%，节水40%以上、节电35%以上，降低40%化肥投入，减少20%农药喷洒。**三是管理节水**。坚持先建机制后建工程。大力推广节水种植模式、抗旱品种、农艺技术、灌溉方式等。通过"互联网＋信息平台"对项目区水利设施智慧管理，实时监测地下水位变化、土壤墒情等，适时适量、科学管水用水。积极推进农田水利设施产权制度改革，明确工程产权，落实管护主体、责任、经费，保证工程建设长期发挥效益。

四、多方筹措、加大投入，强化资金保障

高标准农田建设，资金投入是保障。积极发挥财政资金的引导撬动作用，通过市场化运作，吸引社会和金融资本投入，由"单兵作战"发展为整"兵团作战"，构建了多元化、多层次、多渠道的投入机制。2019年、2020年全省高标准农田建设投入资金总量分别为42.12亿元、46.33亿元，投入规模不断扩大、连创新高，为高标准农田建设提供了强有力的资金保障。**一是积极争取中央资金投入**。充分利用资源优势，积极争取国家投入支持，2019年、2020年国家投入河北高标准农田建设资金总量分别为29.89亿元、32.89亿元。**二是保证地方财政资金落实**。切实担负起粮食安全主体责任，由省级承担地方财政资金主要支出责任，鼓励引导市县增加投入，提高高标准农田建设标准。整合一般预算、政府性基金、地方政府债券、新增建设用地土地有偿使用费等资金，建立了相对稳定的农田建设补助资金来源。2019年、2020年共安排省级农田建设补助资金22.61亿元，达到中央财政农田建设补助资金总量的41.2%，市县财政投入2.21亿元。全省高标准农田亩均财政资金投入达1545元。唐山、秦皇岛等市积极整合相关资金13487.15万元，新建高标准农田建设7.37万亩，改造提升4.04万亩。**三是引导金融及社会资本投入**。与省财政厅联合出台了《河北省引导社会和金融资金投入高标准农田建设工作方案》，积极创新投融资模式，引导金融资本、社会资本投入高标准农田建设。2020年在张家口、保定安排3个"先建后补"试点项目，

吸引社会资本535万元，进一步拓宽高标准农田投资渠道。与保险机构合作，探索工程建设质量管控及运行管护新路径，投入100万元在两个县进行了试点。开展了高标准农田建设新增产能模式探索，在张家口涿鹿县投入资金3 430万元，新建高标准农田1.53万亩，预计新增粮食生产能力225.9万公斤，联合自然资源部门进行核定。积极推进高标准农田建设新增耕地模式探索，衡水桃城、衡水故城、承德兴隆、邯郸磁县新增耕地1 158亩。新增耕地及产能指标交易收益，将继续用于高标准农田建设。

五、创新机制、规范管理，狠抓建设质量

管理机制体制具有全局性、根本性和长期性。科学的管理机制能够有效激发高标准农田建设活力，引导资源合理配置，促进高质量发展，转变农业发展方式，加快推进现代农业发展。初步统计，2019年以来引进新型农业经营主体118个，直接受益农户455万人，农民年纯收入增加总额17.17亿元。**一是建立"10＋N"制度体系**。制定出台了农田建设项目管理实施细则、资金管理实施细则、初步设计编制规范、项目库建设、评审专家库、竣工验收、工程管护、评价激励、项目监管、档案管理等10余个项目制度办法，并根据实际需要及时增补，贯穿了高标准农田项目立项、申报、审批、实施、竣工、验收全过程，形成了较为健全的制度体系，保证管理工作有章可循、有据可依。**二是创新"5＋4"管理机制**。在推行项目法人责任制，落实招标投标制、合同管理制、监理制、公示制的同时，试行"先建后补"制、质量及管护保险制、项目建设"代建制"、工程管护制等，积极推进管理体制机制创新，激发高标准农田建设工作的动力活力。**三是形成"4＋N"工作制度**。对高标准农田建设管理工作进行全面梳理，精心制作流程图，强化管理重点和关键节点，在坚持定期调度通报、常态化督导、信息化监控、系统全员培训四项工作制度的基础上，采取项目网上申报、计划随报随批、召开调度会现场观摩、"农田建设百日会战"等方式，精心谋划、倒排工期、挂图作战，克服新冠疫情不利影响，圆满完成了高标准农田目标任务。

（河北省农业农村厅农田建设管理处供稿）

内蒙古自治区：

发挥"七聚焦"合力　夯实农业发展基础

内蒙古自治区是全国13个粮食主产省份和8个粮食规模净调出省份之一，耕地面积大，粮食生产任务重。近年来，内蒙古自治区党委、政府深入贯彻生态优先、绿色发展理念，主动扛起农田建设责任，累计建成高标准农田4 125万亩，实现了经济效益、社会效益、生态效益全面提升，为夯实农牧业高质量发展基础发挥了重要的支撑作用。

在为全国粮食生产作出贡献的同时，内蒙古自治区高标准农田占耕地比例仍不足1/3，退化农田面积已达60%以上，农业基础设施建设水平薄弱，产粮缺水矛盾等问题十分突出，在内蒙古持续实施高标准农田建设，夯实粮食产能基础具有重要的现实意义。近年来，自治区高标准农田建设主要探索出了"七聚焦"。

一、聚焦党政同责，压实建管责任

内蒙古自治区党委、政府始终把高标准农田建设作为"三农三牧"的重点工作强力推进。连续3年将高标准农田建设写入政府工作报告，作为重大项目考核落实。连续2年制定全区高标准农田建设行动计划，列入自治区党委农牧业农村牧区高质量发展十大行动计划专项推进。**在组织推动上**，自治区党委、政府主要领导统筹调度，多次召开现场会、专题会，各盟市和旗县都成立了由政府主要领导任组长的农田建设工作领导小组，乡镇村社和各相关部门协同配合，形成了上下联动、部门齐心、协同推进的高标准农田建设组织领导体系。**在管理手段上**，实行挂图作战，编制完成高标准农田建设项目工作推进流程图，明确工作事项、责任部门和完成时限，由自治区人民政府下发相关单位和盟市，并抓好督促落实。同时，实行日调度周报告月通报制度，实时掌握项目进度、资金拨付等情况，每月以自治区党委农牧办名义通报各盟市委。**在工作方式上**，在逐步完善11项制度体系和信息平台的基础上，对项目管理、设计质量、工程质量、原材料质量组织全面排查和随机抽检，形成"自治区定期指导，盟市巡回检查，旗县驻点服务""立体式"工作管理机制。通过努力，内蒙古自治区保质保量完成了2019年500万亩和2020年300万亩建设任务，圆满完成农业农村部下达的建设目标。

二、聚焦问题导向，突出重点区域

内蒙古自治区持续优化高标准农田建设布局，聚焦永久基本农田保护区、粮食生产功能区和重要农产品生产保护区"三个优先"区域，主动对接黄河流域等区域发展治理规划，深入落实习近平总书记重要指示批示。2020年起安排察汗淖尔流域6个旗县高标准农田建设53.6万亩，大力实施管（喷）灌改滴灌，配合水利部门实施水改旱，探索实施旱作高标准农田建设27.5万亩，配套选用节水作物和抗旱品种，实现节水增效。2018—2020年，持续在阿荣旗、莫力达瓦旗、鄂伦春旗、开鲁县等4个黑土地保护利用试点县，针对丘陵坡耕地、缓坡漫岗地、平川甸子地和风蚀沙化耕地的突出问题，围绕"控、增、保、养、节"五条技术路径，统筹推进"控制土壤侵蚀保土保肥、积造利用有机肥控污增肥、耕层建设保水保肥、科学施肥灌水节水节肥、调优种植结构养地培肥"5项措施，累计在36个乡镇、80个新型农业经营主体实施黑土地保护利用技术措施664.5万亩，建立了黑土地保护利用实施效果评价体系，形成了适合内蒙古东北黑土区不同区域、不同地形地貌的7套可复制、可推广的技术模式，切实为保护和利用好黑土地这个"耕地中的大熊猫"探索模式、提供支撑。

三、聚焦节水增效，破解粮水难题

内蒙古自治区是严重缺水地区，水资源约占全国总量的1.92%，亩均水资源量仅为全国平均水平的33%，而农田灌溉用水却占到了全区总用水量的64%。资源型缺水和农业用水比重大问题共存，成为制约内蒙古自治区农业可持续发展的主要瓶颈之一。为解决这一问题，内蒙古自治区高度重视农业高效节水工程和技术推广工作，突出品种、结构、农艺、设施、机制节水等统筹推进，呈现出"发展快、模式多、管控严、效益高"的特点。高效节水应用面积增长快，全区高效节水灌溉面积（喷灌和滴灌）从2015年的1 741万亩增至2020年的2 826万亩，年均增长180万亩，高效节水灌溉面积占全区总灌溉面积的58.94%，目前全区仍有40%左右的灌溉耕地可建设为高效节水灌溉耕地。农业高效节水关键技术模式多，重点推广品种节水、结构节水、农艺节水、设施节水、机制节水，已探索形成大兴安岭区喷灌补灌、西辽河灌区浅埋滴灌、燕山丘陵区膜下滴灌、阴山北麓高垄滴灌、阴山南麓集雨补灌、河套灌区井黄双灌6大区域高效节水技术模式并广泛应用。农业用水管控严，按照"以水定需、量水而行"的思路，地下水超采区严禁新打机电井，严禁新增灌溉面积，各项目区均进行了水资源平衡论证，同步落实农业综合水价改革，推行智能计量。通过高标准农田建设，全区2 826万亩高效节水灌溉面积年可节约用水28亿立方米，占全年农业总用水量的23.14%；1 800万亩水肥一体化应用面积年可减少化肥投入（纯量）18万吨左右，占全年总用肥量的8.25%；同时据测算，内蒙古自治区每年调出商品粮400亿斤以上，相当于调出水量70亿立方米以上。

四、聚焦大破大立，突出综合治理

集中连片、整建制推进高标准农田建设，能有效解决耕地总面积大且权属分散、质量下降、设施不配套的问题。工作实践中，内蒙古自治区大力实施田块调换整合，为现代农业和适度规模经营创造条件。巴彦淖尔市高标准农田建设项目区全部采取整村、整区域连片推进，遵循"三打破、五统一、一重新"的"大破大立"整治模式。即：打破农户的承包界，打破杂乱的地块界，打破混乱的渠沟路布局；按照新的规划，统一开挖渠沟、统一修整道路、统一植树造林、统一平整土地、统一划分地块；完成整治后重新分配经营，实现"田、土、水、路、林、电"六配套。

通辽市以旗县为单位，打破乡村界限，统一对项目地块进行规划，科尔沁左翼中旗规划了100万亩项目区，科尔沁区、奈曼旗等旗县也规划出几万亩到几十万亩的项目区，实现了整镇整村推进项目。通过集中连片整体推进，项目区框架焕然一新，工程和技术措施全面配套，农户土地得到整合，实现了"三个2"，新增耕地比例超过2%，机械化耕作条件进一步优化，可种植作物种类增多，土地流转价格亩均增加200元以上，流转速度提升了两个百分点。

五、聚焦农民主体，确保建成用好

内蒙古自治区始终坚持以人民为中心的高标准农田建设思想，把群众满不满意作为衡量工作的标尺和工程建设的前置条件，总结出"四会、两确认"的工作方法，"四会"即：项目初选阶段召开农户立项意愿调查会，了解群众对项目申报立项的意愿；立项准备阶段召开项目区群众观摩会，让群众从已实施项目的变化看成效；立项指标下达后召开告知会，讲清项目建设内容、投资情况等相关政策；设计阶段召开规划方案讨论会，立足村情实际，实地确定规划设计方案和工程布局。"两确认"即：在规划设计初步成果出来后，与项目区群众面对面沟通，查遗补漏，调整完善，共同签字确认设计方案；在施工单位进场后，由施工单位带图与群众代表实地对接，再次确认规划设计方案的可操作性。通过广泛调动群众的积极性和创造性，充分保障群众知情权和参与权，引导群众参与项目全寿命周期的决策和管理。由于群众工作扎实，很多项目区群众主动配合施工，自发预留干地，清理农田秸秆，项目建设时也没有因社会矛盾引发停工、窝工事件。在高质量完成项目建设的同时，帮助农民管好用好高标准农田，积极整合"耕地质量保护与提升和化肥减量""绿色高质高效""地膜减量和节水农业专项"等涉农项目，同步推进测土配方施肥、病虫害统防统治、机耕机播机收等集成配套技术，同步配套安装智能计量管理系统和墒情监测站，引导精准灌溉。累计建成耕地质量监测点1 066个，初步形成了有一定规模的耕地质量监测网络体系，高标准农田质量监测有保障。

六、聚焦弱项症结，精准补齐短板

内蒙古自治区东西跨度大，横跨东北、华北、西北三区。各盟市和旗县在自然条件、灌溉方式、耕种习惯等方面均有很大差异。在资金相对不足的情况下，农田建设工作坚持问题导向，紧盯主要制约因素补齐基础设施短板，取得了较为显著的效果。**一是开展盐碱化耕地治理试点**。针对全区1 585万亩盐碱化耕地的突出问题，2017年以来，自治区先后安排本级资金3.68亿元，在三大灌区的6个旗县（区）开展盐碱化耕地改良试点工作，针对不同盐碱地类型、不同灌溉模式，重点开展了土地平整、渠系配套等工程建设，采取增施有机肥、秸秆还田、深耕深松、深松粉垄、施用改良剂等改良措施，应用暗管排盐、上膜下秸等技术模式，形成了可借鉴、可示范、可推广、可复制的盐碱地改良工程和技术体系，为全区全面推进盐碱化耕地改良工作提供技术支撑。**二是探索旱作高标准农田建设模式**。立足内蒙古自治区旱田比例大、杂粮杂豆等旱田作物优势明显的特点，通过坡耕地改造、集雨补灌、土壤改良等措施，使得项目建成后达到东部地区玉米亩产

500公斤、西部地区马铃薯亩产1 500公斤的产能目标，推动内蒙古自治区旱作农业转向绿色、有机、可持续，培育独具一格的优质特色产品，为提高旱作农田收益水平筑牢基础。

七、聚焦创新管理，保障资金高效

高标准农田建设是提升粮食安全保障能力的重要措施，同时也是重大基础设施建设项目，投入巨大。经测算，如各项工程措施全部保质保量落实，内蒙古自治区高标准农田建设亩均实际投资需求约3 100元，远超现行补助标准。为使有限的资金发挥最大效益，内蒙古自治区在向中央反映困难争取资金的同时，将资金保障的重点放在及时到位、规范支出等方面。近两年在财政收入形势严峻、收支矛盾尖锐的情况下，优先保障农田建设补助配套资金，自治区本级承担了财政渠道农田建设地方配套补助资金的70%，且均在当年下达，保障了农田建设任务需求。财政和农牧部门定期检查农田建设补助资金支出内容和预算执行进度，开展绩效评价和奖优罚劣。2021年起还开展了金融支持高标准农田建设高质量发展政银合作，与中国银行内蒙古分行签订战略合作协议，为参建企业提供快捷办理投标保函、专项授信资金、开通快速审核通道、执行优惠利率、提供账户增值服务等多项优惠政策，打通金融堵点，助力高标准农田建设项目高质量快速推进。

（内蒙古自治区农牧厅农田建设管理处供稿）

黑龙江省：

强力推进高标准农田建设　当好维护国家粮食安全"压舱石"

2018年机构改革以来，黑龙江省以当好维护国家粮食安全"压舱石"作为重要政治责任，深入贯彻落实总体国家安全观和藏粮于地、藏粮于技战略，以实施乡村振兴战略为总抓手，以巩固提升粮食综合生产能力为目标，加快建设国家稳固可靠大粮仓，统筹组织、强力推进高标准农田建设工作，为保障国家粮食安全提供强有力的支撑。

一、农田现状和挑战

黑龙江省作为粮食主产省之一，地处我国东北部，幅员辽阔；但是经济欠发达，田间基础设施历史欠账较多，制约着农业现代化的进一步发展。

机构改革后，黑龙江省农业农村厅承接了原发展改革、水利、国土和农业综合开发等四个部门关于农田水利建设的相关职能，改变了过去高标准农田建设"五牛下田"的局面，形成集中合力统一建设高标准农田。2019—2020年，根据《全国高标准农田建设总体规划和《黑龙江省亿亩生态高产标准农田建设规划（2013—2020年)》，通过"规划标准统一、相互协调配合、信息互通共享、积极推进整合、共同完成目标"的实施方式，全力推进高标准农田建设，不断改善全省农田基础设施条件，进一步加快全省现代农业进程。全省农田建设虽取得一定成效，但还存在农田基础设施薄弱、集中连片推进困难等问题。

二、主要推进措施

（一）多部门联动推进高标准农田建设有效落实

省农业农村、发展改革、财政、交通、建设、水利、自然资源、统计等多部门联动，在计划安排、资金下达、有序通行、开复工、用地政策等多方面协同推进项目建设。全省各地在严格落实分区分级差异化新冠疫情防控措施的同时，制定高标准农田开复工建设保障措施，建立健全防控管理体系，实施复工复产现场封闭管理，配备必要的防控物资，强化人员管理，建立值班值守和新冠疫情报告制度，确保项目建设有序推进。

（二）创新机制推进高标准农田建设

黑龙江省将高标准农田建设纳入省政府"重大项目"统筹推进。省委常委、副省长亲自督导项目建设，多次主持召开全省高标准农田建设视频调度工作会议，推进高标准农田建设。省、市、县三级签订责任状，明确责任义务、完成时限和质量标准，同时建立三级专班，执行"周统计、旬调度、半月通报"督导推进机制。省农业农村厅多次召开专题视频会议，研究新冠疫情防控期间开复工办法，出台新冠疫情期间高标准农田保障措施。市县党委政府切实履行主体责任，主要负责同志靠前指挥，开展挂图作战，压茬推进项目建设。市县政府出台"容错容缺"机制，开辟"绿色通道"，加强对新立项目勘测、设计、评审、概预算审核、施工监理等项目管理各个环节的充分论证，为加快项目开工建设创造条件，确保年度建设任务的完成。

（三）多渠道落实高标准农田建设资金

黑龙江省多渠道谋划筹措资金，确保高标准农田项目配套资金足额落实。省级财政承担了国家级贫困县和边境县100%配套资金，承担其他县50%配套资金，剩余50%配套资金由省政府采取发行地方一般性债券的方式予以解决。在此基础上，积极探索转换财政投入方式和创新涉农资金运行的新机制，制发《黑龙江省开展创新投融资模式建设高标准农田工作的意见》和《黑龙江省2019年高标准农田项目开展"先建后补"试点工作意见》，全面吸引银行贷款、社会资金和受益主体自筹资金投入农田基础设施建设，建立了多渠道、多层次稳步增长投入保障机制。

（四）完善高标准农田建设保障体系

先后出台《黑龙江省高标准农田建设管理指导意见》《黑龙江省农田建设项目管理规程（试行）》《黑龙江省农田建设项目管理实施办法》《黑龙江省农田建设补助资金管理使用暂行办法》等多个制度文件，建立健全制度保障体系。率先在全国制定出台了《黑龙江省农田建设项目工程质量飞检实施办法（试行）》。制定出台《黑龙江省人民政府办公厅关于切实加强高标准农田建设提升粮食安全保障能力的实施意见》，健全资金投入、建后管护和相关保障措施。与省财政厅联合制发《关于加强高标准农田项目工程设施建后管护工作的意见》，全面落实建后管护机制。

（五）全面加强日常监管和质量飞检

为规范农田建设项目管理，加快项目建设进度，实现项目建设目标，全省从项目立项到竣工验收实施全过程管控。省市县农业农村局全面加强日常监督的职能，深入项目区实地检查，消除项目执行中的错误和偏差，降低项目管理风险，实现项目预期建设目标。省农业农村厅通过公开招标委托第三方，对资金管理、项目管理和工程质量进行飞行检查。通过项目实施全方位、全链条、全过程的监督检查，及时发现项目管理中的问题，把所有问题解决在项目验收前，提高项目管理整体水平。

三、农田建设取得的成效

2019—2020年，黑龙江省共建设完成高标准农田1 669.9万亩，全省总量达到8 116.5万亩。

（一）粮食产能和耕地质量不断提升

通过建设，使耕地达到"田成方、路成网、渠相通、旱能灌、涝能排"的高标准农田要求，提高抵御自然灾害的能力，促进了土地利用条件改善和耕地质量提高。全省新增耕地面积63.8万亩，新增耕地累计转化粮食产能8.5亿斤；提高了耕地质量，土地平整、土壤改良面积1 439.7万亩，土壤有机质含量较项目实施前提高了3%以上。

（二）现代化大农业快速发展

在"两大平原"粮食主产区实施高标准农田建设过程中，坚持适度项目规模（每个项目3万～5万亩）、全灌区田间配套、全流域覆盖、农村经济合作组织（合作社）优先规划布设等原则开展建设，把小规模经营、分散零星、区块差异较大的耕地，整治为集中连片的优质农田，有效破解了土地流转难、集中难等问题，有力地促进了农业生产方式的变革，为发展大机械作业、推广先进适用的农业技术提供了有利条件，为促进土地承包经营权流转和适度规模经营提供了有力支撑，提高了土地的规模化和集约化程度，为打造现代化规模经营的标准示范区奠定了坚实的基础。

（三）乡村振兴事业日益增强

在高标准农田建设中，优先支持各地围绕美丽乡村建设统一规划，通过合理安排居民点、公益事业和产业发展等各类用地，对撤村并屯的土地通过复垦，为建设居住相对集中、配套设施完备、人居环境良好、生产功能完善的农民新区提供了有力保障。年均直接受益农户 323 856 户，年均直接受益农业人口 1 098 297 人，年增加农民收入 26 亿元以上，农民种粮积极性显著提高。

（四）农村生态环境不断改善

通过林网建设、荒地治理，有效地减少了土壤的风蚀和沙化，提高土壤保湿和涵养水源能力，改善了项目治理区生态环境。高标准农田建设项目遍及全省，近 400 万农民受益，对维护农村稳定发挥了重要作用。通过对田、土、水、路、林、电综合治理，构建布局合理、集约高效、产品安全、环境友好的高标准农田示范区，实现农作物高品质、农业高效益、农民高收入。

（五）项目管理和效能不断提高

随着高标准农田建设的不断推进，建设任务增加，建设范围扩大，建设投入提升，项目的管理工作也要不断适应新形势、新任务、新要求。为此，按照简政放权的要求，为能够切实提高工作效率，黑龙江省将权力下放给地市，由地市政府统筹任务安排，省级宏观调控。同时，黑龙江省根据国家每年下达的总任务量和资金总盘子，研究实行任务和资金补助砍块下达，任务计划分配实行省级宏观控制管理，实现"双放双抓"（即：省级要把权力和责任放下去，把监管和服务抓起来），具体项目管理由市、县负责，突出市县属地管理职能，强化责任落实，以此进一步规范项目管理，提高行政效能。

（黑龙江省农业农村厅农田建设管理处供稿）

江苏省：

建设旱涝保收高标准农田　扛稳粮食安全之责

食为民天，农为正本，田为粮基。2018年机构改革以来，江苏省委、省政府高度重视农田建设工作，始终把高标准农田建设作为保障粮食安全的关键举措，集聚资源要素，着力整体推进，有效推动藏粮于地、藏粮于技战略在江苏大地落地生根。3年来，全省累计投入资金196亿元，建设高标准农田936万亩，高标准农田耕地占比达65%以上，为促进粮食生产连年丰收、引领现代农业高质量发展作出重要贡献。

一、江苏省农田建设取得新成效

2018年高标准农田建设集中统一管理后，江苏省耕地中高标准农田占比逐年提升，为全省粮食生产"多年增"及现代农业高质量发展提供了重要支撑。

（一）粮食综合生产能力明显提高

通过田、土、水、路、林、电综合配套，2018—2020年累计建设电灌站7 600余座、衬砌渠道（低压输水管道）1.07万公里、农桥2.6万余座、机耕路1.18万公里，农业生产条件持续改善，建成了一批旱涝保收、高产稳产、节水高效的高标准农田，增强了农田防灾抗灾减灾能力，巩固和提升了粮食综合生产能力。建成后的高标准农田粮食平均亩产增加10%以上，为江苏粮食连续多年丰收提供了重要支撑，为保障国家粮食安全提供了坚实基础。

（二）农业生产方式转型升级

高标准农田通过集中连片开展田块平整、土壤改良、配套设施建设、宜机化改造等，解决了耕地碎片化、质量下降、设施不配套、农机作业不便捷等问题，有效促进了农业规模化、标准化、专业化经营，带动了农业机械化提档升级，全省主要粮食作物耕种收综合机械化率达93%，加快了新型农业经营主体培育，有效推动了良田、良机、良法的有效结合。

（三）农民增收渠道不断拓宽

通过高标准农田建设，提高了农业土地产出率、资源利用率和劳动生产率，降低了农业生产成本，显著提高了农业生产综合效益。典型调查表明，项目建设过程中，农民参与工程建设增加了工资性收入，项目建成后，提升了粮食、经济等作物的生产效益，减少了田间耕作成本10%左右，有效增加了农民生产经营性收入，项目区农民人均年收入增加400元左右。

（四）农田生态环境明显改观

在推进高标准农田建设时，注重保护和改善农田生态环境，2018年以来项目累计疏浚沟渠3 640公里、增加农田林网防护面积380万亩、控制沙化及水土流失面积51万亩。通过田块整治、节水灌溉、生态沟渠及防护林建设等措施，调整优化了农田生态格局，减少了农田水土流失，提高了农业生产投入品利用率，降低了农业面源污染，保护了农田生态环境。据调查，高标准农田建成后，亩均约节水24%、节电30%、节肥15%、节药16%，有力促进了山水林田湖整体保护和农村环境改善。

苏州市吴中区临湖镇高标准农田项目（江苏省农业农村厅提供）

二、新理念引导开创农田建设新路径

（一）厘清新阶段农田建设发展新理念

一是突出绿色生态的理念。以尊重和保护自然为前提，以合理利用水土资源为内涵，以建立可持续的农业生产方式为方向。坚持统筹山水田林湖草系统进行综合治理，科学建设灌溉设施，实现适量灌溉，合理利用水资源；加强生态沟河建设，合理控制地下水位，构建农田"人工湿地"；科学规划配套基础设施，严格控制设施占地率；切实加强林网绿化系统建设，有效控制农业面源污染，打造新时代"鱼米之乡"的田园风光，让生态成为全省农田建设"最靓颜值"。

二是突出精品质量的理念。农田建设需要从"完成计划"向"建设精品"转变，让精品和高质量成为江苏农田建设工作的新标签。时刻谨记省委、省政府提出的高质量发展走在前列的要求，将每个农田建设单体项目都作为作品去精心打造，坚持高标准规划、高标准设计、高标准建设、高标准管理，努力建成现代农业的示范区、粮食生产的核心功能区。

三是突出助力脱贫攻坚的理念。从讲政治的高度，积极支持扶贫开发工作。资金优先向省级重点帮扶县倾斜，向六大片区和黄茅老区倾斜。将农田建设与支持蔬菜、特色经济作物等特色产业发展和休闲观光农业发展相结合，将建生产基地、扶持市场经营主体统一起来，通过项目建设促土地流转，扶持生产社会化服务，推动项目区适度规模经营，推动项目区产业发展，有效增加项目区农民群众收入，加快脱贫致富步伐。

四是突出推进现代农业发展的理念。 当前农业生产方式加速转变，实行适度规模经营、机械化、信息化需求已发生深刻变化。农田建设主动适应规模化、机械化要求，以"宜机化"为落脚点，不断完善农田建设内容，调整田间道路、农桥和田块大小等标准，不断增强基础设施在生产经营中的适应性，使良田、良法、良机完美融合。

（二）探索农田建设新路径

一是推进区域化整体建设。 在认真总结新沂、建湖、宝应3个整县推进试点经验的基础上，积极开展高标准农田建设区域化整体推进，2018年底出台《全省高标准农田整体推进行动方案》，引导各地有序开展。区域化整体推进建设模式，有效集聚资金、项目、组织、技术等各类要素，实现规模化建设高标准农田，迅速改善地方农业生产条件，大力促进现代农业发展，全省形成以南通、宿迁为代表的整市推进模式，以新沂、兴化、溧水为代表的整县推进模式，还有以村为单元、镇为单位的全面推广的整镇推进模式。

二是推行"两先两后"建设模式。 在南京、南通、苏州、无锡等地推行"先流转、后建设，先平整、后配套"农田建设方式，建设前由村集体与农户签订土地预流转协议、对田块统一规划，统一平田整地、配套建设基础设施，推动碎片化耕地连片整理，实现小田变大田，促进规模化、宜机化经营。建设后引入种田大户、新型经营主体统一承包土地，实施适度规模经营，实现效益规模化，破解了一家一户种植经营模式的瓶颈。

三是探索高标准农田建设"先建后补"。 按照"先立项、后建设，先实施、后补助"的原则，鼓励有条件的市、县开展"先建后补"高标准农田建设试点。2019年底选择昆山、泰兴先行先试，2020年扩大至苏州全市，所有试点县项目亩投资标准达到3 000元以上。实践证明，先建后补推进了项目快速实施，调动了地方积极性，提升了省以上财政资金支出进度，探索了引导地方、社会资金投入农田建设的路径与方法。

三、务实举措开创农田建设新局面

农田建设始终按照省委、省政府的部署，主动适应新时期高质量发展要求，不断创新工作思路和举措，走出了符合江苏实际、具有江苏特点的高标准农田建设之路，开创了农田建设的新局面。

（一）明确目标任务，突出农田建设高定位

一是超额完成年度建设任务。 常态化抓好农田建设任务落实的调度。通过开展专项督查、召开现场推进会、观摩会等方式，扎实推进实施进度，顺利完成国家建设任务。其中，2019年，国家下达江苏330万亩高标准农田、41万亩高效节水灌溉建设任务，实际完成高标准农田350万亩、高效节水灌溉42万亩。2020年，国家下达江苏的建设任务进一步加大，高标准农田360万亩、高效节水灌溉41万亩，所有任务全部落实到项目，做到项目落地、资金到位。**二是突出粮食生产功能区和核心区建设。** 大力支持粮食生产功能区和核心区高标准农田建设，重点向粮食主产县倾斜，

突出加大粮食主产县的投入，每年项目资金70%以上用于产粮大县，其中，2020年支持33个粮食产量10亿斤以上的县，共安排高标准农田建设项目实施面积277万亩，占全省年度项目实施面积的75%以上。**三是助力推进脱贫攻坚。**将项目安排向省定重点帮扶片区和经济薄弱地区倾斜，并逐年增加，投资增长率高于其他地区平均水平。2019年、2020年，向12个重点帮扶县倾斜，安排农田建设任务均超过100万亩以上，为加快当地脱贫注入了新动能。**四是注重与农村生态环境改善相融合。**以改善农田生态环境为方向，探索开展生态型高标准农田建设试点，构建农田"人工湿地"，增加"田美"元素，打造"鱼米之乡"的田园风光，不断改善农民群众生产水平、生活条件和生态环境。

（二）加大资金投入，促进农田建设提标准

一是推进农田建设资金整合。机构改革后，整合原农业综合开发、农田水利、千亿斤粮食产能建设等省级资金22.28亿元，设立农田建设补助专项资金。将中央预算内与财政补助两类项目的亩均投资标准统一提高至1 750元、统一资金下达渠道、统一资金管理。**二是挖掘新增耕地潜力，实现以资源换资金。**利用高标准农田建设新增耕地，将相关指标收益反哺用于高标准农田建设项目。据统计，2018—2020年全省高标准农田建设新增耕地占补平衡约5万亩。南通、宿迁等市将新增耕地收益继续用于高标准农田建设，在原省定亩投资标准基础上再增加1 000元以上的投资。**三是鼓励地方加大自建力度。**南京、苏州等市县依托自身财力，加大地方财政投入建设高标准农田项目，亩投资标准提高到5 000元以上。南京市平均每年投入5亿元以上，累计立项建设市级高标准农田54万亩。**四是吸引社会资本投入。**在加大各级财政投资的同时，江苏省采取多种措施，鼓励吸引社会资本投资建设高标准农田。全省2019年、2020年高标准农田建设共投入社会资金9亿元，有效提高了项目建设标准。

2017年度昆山市高新区白鱼潭生态农业园工程（江苏省苏州市昆山市提供）

（三）强化制度建设，突出农田建设高水平

一是及早构建管理制度体系。出台《江苏省农田建设项目管理实施办法》《江苏省农田建设补助专项资金管理办法》《江苏省高标准农田建设评价激励实施办法（试行）》3个办法，推进高效节水灌溉建设、加强工程质量管理、项目竣工验收、工程建后管护等意见，初步形成"3＋N"管理制度体系，有效推进项目和资金规范化管理。**二是提高项目管理效率。**着力推动农田建设项目管理简政放权，实现了项目库早建立、项目评审早完成、项目实施计划早审批下达、项目工程早招标实施，管理效率得到全面提升。2020年360万亩高标准农田建设项目、41万亩高效节水灌溉建设任务在国家下达计划1个月内就全部落实到具体项目，实施计划在当年4月完成审批，比规定时间提前3个月。**三是强化工程质量和安全。**先后出台《关于进一步加强农田建设工程质量管理工作的意见》《关于加强农田建设安全生产工作的意见》，始终把质量管理、安全管理放在工程建设管理的首位。进一步强化项目建设过程中的责任管理和过程管理，严格落实农田建设安全生产工作责任，加大建筑材料质量检查，严格单项工程验收，将项目设计单位、施工单位、监理单位的相关工作行为纳入责任主体诚信管理范围，省级采取统一聘请第三方检测机构开展工程质量抽检，全面提升农田建设质量安全管理水平。**四是加强任务调度。**建立农田建设任务调度制度，把调度工作融入农田建设计划审批、招投标、开复工、竣工验收等项目管理各个环节中，按项目阶段性需要组织调度，及时分析研判，为科学制定工作推进措施提供依据，有效推动农田建设项目实施和相关管理工作向预期目标顺利迈进。**五是强化监督评价。**通过开展专项督查、召开现场推进会等方式，加快高标准农田建设项目实施进度。切实把好竣工验收关，把项目验收工作要求落到实处。工程竣工验收通过后，在项目区设立统一的公示标牌，将项目信息进行公示，接受社会和群众监督。

（四）强化保障措施，推进农田建设高质量

一是加强组织领导。建立高标准农田建设协调机制，统筹协调全省高标准农田建设工作，农业农村部门全面履行农田建设统一管理职责，发展改革、财政、自然资源、水利等相关部门按照职责分工，密切配合，做好规划指导、资金投入、新增耕地核定、水资源利用管理等工作。省委1号文件连续多年将高标准农田建设作为农业农村重点工作，并将高标准农田年度建设任务完成情况纳入全省高质量发展监测评价指标体系、省政府激励考核事项，推动各地将任务落到实处。**二是加强规划统筹。**机构改革农田建设管理职能整合后，农业农村厅及时开展了规划修编，出台《江苏省高标准农田建设规划（2019—2022年）》。各地根据省级规划，细化年度目标和项目储备，推动农田建设"多规合一"，全省形成自上而下、层层衔接的高标准农田建设规划体系。**三是强化工程建后管护。**根据"谁受益、谁管护，谁使用、谁管护"的原则，按照"先建机制，后建工程"的思路，落实农田基础设施管护主体和管护责任，因地制宜确定管护方式，明确管护标准，落实管护资金。工程竣工验收通过后，及时办理工程管护移交手续，项目所在乡镇政府履行属地管理职责，具体负责落实本区域内农田建设项目工程管护主体，日常管护工作由管护主体承担。

（江苏省农业农村厅供稿）

安徽省：

健全五项机制　提升建设绩效

根据党中央国务院机构改革有关要求，2018年11月，安徽省委正式印发省农业农村厅"三定"方案，明确省农业农村厅履行农田建设管理职责。2019年3月底，市县机构改革相继到位，全省农田建设管理职能统一整合到农业农村部门。

安徽省农业农村厅坚定扛起建设高标准农田保障粮食安全政治责任，深入学习贯彻习近平新时代中国特色社会主义思想、习近平总书记关于"三农"工作重要论述、考察安徽重要讲话精神等，认真落实农业农村部关于农田建设新部署新要求，积极应对农田建设管理工作面临建设任务重、管理要求高、完成时间紧，以及机构改革重组、管理人员减少等诸多新矛盾新问题，进一步提升站位，创新理念，着力健全五项机制，全力推动新发展阶段农田建设事业高质量发展。

一、调度推进机制

深入学习贯彻习近平总书记关于加强高标准农田建设系列重要批示指示精神，认真落实《关于切实加强高标准农田建设　提升国家粮食安全保障能力的意见》，着力健全完善3个层面调度推进机制。**一是省级调度。**按照省负总责、市县抓落实、群众参与的要求，强化省政府一把手负总责，把高标准农田建设纳入省委1号文件、省委常委会工作要点、省政府重点工作及坚决打赢防范重大风险攻坚战目标任务等定期调度。分管省长坚持按月调度，亲自协调部署农田建设工作。**二是厅级联系。**省农业农村厅成立厅主要负责同志为组长、15个职能处室为成员的高标准农田建设工作领导小组，厅内统筹整合产业发展、人居环境整治、耕地质量提升等项目资金，外部会商发展改革、财政、自然资源等部门，优化资源配置，凝聚建设合力。建立9名厅领导和16个处室对口联系16个市的"三农"重点工作联系制度，将高标准农田建设作为重点联系内容，指导帮助各地统筹抓好新冠疫情防控和农田建设工作。**三是处级服务。**制定印发农田建设联系服务制度，省农业综合开发局（农田建设管理处）全体干部职工对全省16个市及建设任务大县和创新试点县实行对口联系，常态化开展电话联系、线上指导、现场帮扶，及时传达工作要求，掌握工作动态，推动工作落实。

二、多元投入机制

深入学习贯彻习近平总书记在中央农村工作会议上的重要讲话精神，认真落实国务院督查激励、国家粮食安全省长责任制考核对高标准农田建设财政资金投入要求，着力健全完善多元化资金投入保障机制。**一是确保投入基本盘。**将农田建设作为重点保障事项，落实地方政府支出责任，在年度预算中足额安排高标准农田建设资金。2019年，落实地方财政资金19.07亿元，加上中央财政资金，亩均财政投入达1 552元。2020年，落实地方财政资金25.17亿元，加上中央财政资金，亩均财政投入达1 689元。**二是拓展投入增长点。**会商财政部门，提高土地出让收益用于高标准农田建设比例。积极开展高标准农田建设新增耕地探索，新增耕地指标调剂收益用于农田建设再投入和债券偿还。长丰县2019年度新增耕地830亩，新增耕地收益全部用于高标准农田建设，亩均财政投资达4 200元。全椒县2019年度新增耕地435.8亩，县政府决定拿出新增耕地指标收益2 000万元投入高标准农田建设。深入推进发行政府专项债支持高标准农田建设，2020年，滁州、铜陵等地已发行或安排专项债2.6亿元投入农田建设，滁州市16.2亿元通过省级评审，将按程序推动发行。**三是调动主体积极性。**制定印发支持新型农业经营主体建设高标准农田意见，采取先建后补等方式，鼓励支持种粮大户、家庭农场、农民合作社、农业企业等新型农业经营主体申报建设高标准农田，引导社会资金投入农田建设。2019—2020年，全省支持80个新型农业经营主体建设高标准农田项目，引导农民合作社、农业企业、种粮大户等新型农业经营主体投入自筹资金6 489万元。

三、探索创新机制

深入学习贯彻习近平总书记关于全面实施乡村振兴战略的重要论述，立足农田建设实际，围绕产业兴旺、生态宜居、生活富裕要求，积极开展"四个结合"探索创新。**一是与脱贫攻坚相结合。**支持新型农业经营主体在贫困地区建设高标准农田，采取"高标准农田＋"模式，发展特色种养、乡村旅游等，建立利益联结机制，带动贫困户发展产业、增收致富。优先安排贫困户参与

安徽省六安市金安区高标准农田项目区（六安市农业农村局提供）

工程施工、在高标准农田建后管护公益性岗位就业，增加贫困户工资性收入。将高标准农田建设形成的资产及新增耕地计入村集体资产，采取参股、承包、租赁等方式经营，增加村集体经济收入，并按适当比例量化分配到户，重点向收入不稳定、增收能力弱、返贫风险高的贫困户倾斜。**二是与现代农业发展相结合。** 坚持以"两区"为重点，支持优质粮食生产基地建设。围绕优势特色产业，支持现代农业产业园、优势特色农产品基地和长三角绿色优质农产品生产加工供应基地建设。出台支持新型农业经营主体建设高标准农田政策，在政策允许范围内按"缺什么、补什么"的原则，支持其建设高标准农田，带动农户发展多种形式适度规模经营。以产业发展为导向，以利益联结为纽带，按照"基地＋产业＋市场"的思路，整合农田建设、产业发展、美丽乡村建设等相关项目资金，打造优势特色产业链，推进农村三产融合发展。**三是与耕地占补平衡相结合。** 结合高标准农田建设规划修编，精准掌握新增耕地资源和分布情况，将新增耕地位置、面积及具体工程措施等，纳入初步设计内容，明确新增耕地目标任务。协调自然资源部门，依托农村土地整治监测监管系统，采取内业核实与外业调查相结合方式，按照县级初审、市级审核、省级复核的程序，严格核定新增耕地。会商自然资源和财政部门，探索新增耕地指标调剂收益优先用于农田建设机制，拓展高标准农田建设资金投入渠道。**四是与农村人居环境改善相结合。** 结合农村人居环境整治，合理布局高标准农田建设项目。对接村庄建设规划，精准设计高标准农田建设内容，做到"田水路林村"综合整治。将农田沟渠管网与村庄水系相连通、田间机耕道路与村庄交通道路建设相连接、农田生态防护林与村庄绿化相连融，实现生产、生活、生态一体化。科学布局项目工程，优化美化工程设计，加强生态沟渠建设，提升农田和村庄整体形象，拓展农田传承农耕文化、生态涵养、休闲观光、乡村旅游等多重功能。此外，还开展了丘陵山区"宜机化"改造试点和高标准农田"双百工程"示范建设等探索创新，均取得了积极成效。

四、质量监控机制

深入学习贯彻国家《高标准农田建设质量管理办法》，制定印发《关于加强农田建设工程质量管理的通知》，组织开展高标准农田建设质量提升年活动，督促指导各地建立健全覆盖全程、监管有效的质量监控机制，突出"三个环节"、实现"三高目标"。**一是突出勘察设计，实现规划设计水平高。** 建立高标准农田建设项目储备库制度并实行动态管理，明确入库项目的优先序，对纳入项目库的项目要同步完成项目初步设计编制，确保国家任务下达后，第一时间落实项目，第一时间启动项目建设。在严格按照高标准农田建设通则要求，实行田土水路林电技管综合配套的基础上，主动顺应农业农村现代化发展新形势，将绿色农田、数字农田等纳入建设内容统筹设计，从源头上提高规划设计水平和工程建设质量。**二是突出施工建设，实现工程建设质量高。** 建立健全县级农业农村部门、乡镇政府、施工单位、专业监理、第三方检测和农民监督员"六位一体"质量管控体系，严格执行工程建设相关管理制度，从严落实各方质量管理责任，实行事前预防、事中控制、事后检验全过程闭环管理，坚决杜绝偷工减料、不按程序施工问题，对管理不到位、监督不尽责影响工程进度和质量的单位与人员进行严格处罚。严格按程序开展县级初验、市级验收及省级抽查，督促指导县级抓好验收发现问题整改落实，对经查实的重大问题，将通报批评并追责问责。**三是突出建后管护，实现运行管护效益高**。按照"谁受益、谁管护，谁使用、谁管护"的原则，制定印发《安徽省农田建设工程管护规定》，督促指导各地健全管护机制，筹集管护资金，明确管护主体，落实管护责任。按照建管结合的要求，鼓励和支持管护主体提前介入工程设计和建设过程的相关环节，为高标准农田建设项目工程管护奠定良好基础。严格落实遏制耕地"非农化"、防止耕地"非粮化"要求，加强高标准农田利用情况监测，定期调度撂荒、弃种、非农化、非粮化等情况，确保良田粮用，充分发挥高标准农田效益。

五、规范管理机制

深入学习贯彻十九届四中全会精神，着力健全农田建设政策制度，加快推进农田建设治理体系和治理能力现代化。**一是完善政策制度**。主动顺应农田建设发展新形势和管理新要求，省政府办公厅印发关于切实加强高标准农田建设提升国家粮食安全保障能力的实施意见，省农业农村厅先后制定项目管理、质量管理、竣工验收、运行管护、激励评价等一系列制度办法，为依法管理农田建设工作提供了制度保障。**二是加强监督检查**。建立调度通报、督查指导、检查验收等制度，采取联系服务、"四不两直"等方式，应用农田建设综合监测监管平台，加强项目日常监管和跟踪指导，对评审立项、工程建设、竣工验收等实施多层次监管。**三是严格激励评价**。落实粮食安全省长负责制考核要求，建立高标准农田建设项目绩效评价制度，对各地高标准农田建设任务完成情况进行年度考核，全面、科学反映各地工作和项目管理水平，考核结果与建设任务清单和资金安排挂钩。**四是强化风险防控**。制定出台《关于加强农田建设管理风险防控工作的意见》《农田建设"十不准"工作规定》，着力建立健全教育、制度、监督并重的农田建设管理风险防控长效机制，增强对权力运行的制约和监督，切实防范农田建设项目管理风险，确保农田建设事业持续健康发展。

通过建立健全四项机制，有序高效推进了新发展阶段高标准农田建设，为保障国家粮食安全、实施乡村振兴战略作出了积极贡献。**一是完成硬任务，粮食产能显著提升**。2019—2020年，国家下达安徽高标准农田建设任务760万亩，落实760.81万亩，建成802.93万亩（含2018年结转205.6万亩），亩均提高粮食产能50公斤以上。截至2020年底，全省累计建成高标准农田4 950万亩，超过规划任务280万亩，为全省粮食生产17连丰、产量稳定在800亿斤以上奠定了坚实基础。**二是筑牢软实力，耕地质量显著提升**。坚持高标准农田建设数量增加与耕地质量提升"双轮驱动"，全面落实"改、培、保、控"四字要求，统筹秸秆综合利用、保护性耕作、轮作休耕、化肥农药减量增效、果菜茶有机肥替代化肥、水稻侧深施肥、农机深松深耕、畜禽粪污资源化利用等项目资金向新建高标准农田集中，积极探索"农牧结合、种养循环"肥水管网进田新模式，协同推进耕地质量提升。据监测，加权平均，全省2020年耕地质量等级比2019年提高了0.209等。**三是探索新路径，建设绩效显著提升**。持续推进高标准农田建设与助力脱贫攻坚、现代农业发展、耕地占补平衡、农村人居环境改善等"四个结合"探索实践，2019—2020年，全省支持贫困地区建设高标准农田185万亩，惠及331个贫困村、9万多户贫困户；支持"两区"建设高标准农田641万亩，打造各类产业园和基地106个；新增耕地7 918亩，预计产生效益10.7亿元；支持849

个村改善人居环境。有序推进丘陵山区"农田宜机化"改造试点，大幅提升农业生产机械化作业率。积极开展示范建设，2019—2020年，建设万亩示范片261个、面积371.13万亩，千亩示范片318个、面积129.21万亩，为推进适度规模经营、加快农业现代化进程夯实基础。**四是实现新发展，评价激励水平显著提升**。根据国家粮食安全省长责任制考核、高标准农田建设评价激励实施办法等，结合实际，研究制定《安徽省高标准农田建设评价激励实施细则》，完善评价指标体系，建立评价结果导向机制，将评价结果与任务和资金安排挂钩，营造创先争优氛围。在国家组织的高标准农田建设评价激励中，安徽2019年度被农业农村部通报表扬，2018年度、2020年度受到国务院激励表彰。

（安徽省农业农村厅农田建设管理处供稿）

安徽省六安市裕安区高标准农田项目区（六安市农业农村局提供）

江西省：

强化五个安全保障　高质量推进高标准农田建设

江西是农业大省、粮食大省、农产品大省，肩负着保障国家粮食安全和重要农产品供给的光荣使命、历史重任。习近平总书记先后两次亲临江西视察，要求江西任何时候都不能放松粮食生产，要夯实粮食生产基础，发挥粮食生产优势，巩固粮食主产区地位。江西省委、省政府始终牢记总书记嘱托，紧紧抓住农业基础设施薄弱这个突出短板，坚持以高标准农田建设为切入点，2017年从省级层面统筹整合资金推进新一轮高标准农田建设。全省超额完成了1 158万亩目标建设任务，实际建成面积超过1 179万亩，圆满收官"十三五"。建成的高标准农田达到了"田成方、渠相通、路相连、旱能灌、涝能排"的标准，耕地质量等级平均提高0.5等，亩均增加粮食产能100斤以上；经受住了2019年洪涝干旱并存、2020年鄱阳湖流域超历史洪水等重大灾害考验，为全省粮食丰产丰收、农业稳产保供打牢了坚实的农田基础。江西高标准农田建设工作取得了良好的经济效益和社会效益，赢得了社会各界的广泛认可，连续两年荣获国务院督查激励，为全国贡献了"江西方案"、提供了"江西经验"。

一、落实藏粮于地，强化粮食安全保障

坚持把保障粮食安全作为根本目标。**一是提高政治站位。**省委、省政府和各级农业农村部门主动扛起巩固粮食主产区地位、保障国家粮食安全的责任担当，把推进高标准农田建设作为实施藏粮于地战略和落实粮食安全省长责任制的重要抓手，稳面积、增产能、提地力。**二是加强政策引导。**坚持高标准农田建设服从、服务于提升粮食产能需求，项目安排优先向"两区（粮食生产功能区和重要农产品保护区）"倾斜，优先在土地流转率高的地块选址建设，提高粮食生产适度规模经营和"宜机化"水平，支持种粮大户等社会资本开展高标准农田建设和管护。**三是提升耕地质量。**大力推进耕地质量保护与提升行动，把土壤改良工程纳入高标准农田建设"六大田间工程"之一，通过对新建高标准农田增施有机肥、种植绿肥、使用土壤调理剂和轮作休耕等措施，改善土壤理化性状，培肥耕地基础地力，提升粮食综合产能。

二、严格项目监管，强化质量安全保障

坚持把保障质量安全作为重中之重。**一是规范顶层设计。**聚焦旱涝保收、稳产高产目标，紧扣田、土、水、路、林、电、技、管综合配套要求，围绕土地平整、土壤改良、灌溉与排水、田间道路、农田防护和生态环境保护、农田输配电六大工程，制定《江西省统筹整合资金推进高标准农田建设实施方案》《高标准农田建设规范》等多个制度，确保项目建设、项目质量、项目监管有章可循、有据可依。**二是强化项目监管。**着眼防范擅自变更设计、偷工减料、以次充好等问题，

建立健全"对接督导、挂点督查"和"负面清单管理"制度，加强项目督导督查。对督查发现的问题限时整改，并将监理不力、不负责任的监理单位列入"黑名单"。**三是严格项目验收。**严格执行县级自验自评、市级全面验收、省级绩效考评的验收制度，探索引入"第三方"评估机构，从工程质量、地力保护、经济效益、生态效益、设施配套、群众满意度等方面进行综合评价，并兑现激励制度。**四是注重建后管护。**注重监管并重，出台建后管护指导意见，建立了"县负总责、乡镇监管、村为主体"的建后管护机制，围绕解决高标准农田有人用、有人管、有钱修问题，把建后管护纳入了高标准农田建设绩效考核范畴。

三、坚持绿色发展，强化生态安全保障

坚持把保障生态安全作为重要遵循。**一是遵循绿色生态理念。**把高标准农田建设与美丽乡村建设结合起来，把工程规划设计融入当地农村风貌，遵循自然生态规律，区分平原、丘陵、山地不同地形条件，因地制宜确定建设内容，不搞一刀切。**二是创新绿色生态技术。**引导各地采用新材料、新技术、新方法，推广高效节水灌溉设施；探索开展智能控制、信息服务等"智慧农业"示范；科学构建生态沟渠和塘堰湿地系统，严格落实耕作层保护措施，实现耕地生产与绿色生态的协调统一。**三是落实绿色生态要求。**严格落实"少硬化、不填塘、慎砍树、禁挖山"要求，从项目资金中安排每亩不超过100元的土壤改良资金，有效保障耕地土壤肥力，实现用地、养地相结合。

四、注重风险防控，强化资金安全保障

坚持把保障资金安全作为基本前提。**一是明确资金使用范围。**明确项目资金主要用于六大工程建设，并对项目管理费的使用范围进行了明确。**二是规范资金报账程序。**由县级财政部门负责报账资金的日常核算和管理，按照直接报账方式，报账资金直接支付给项目施工企业、物资设备供应商等开具原始发票的单位。**三是全面推行公开公示。**要求项目法人在项目区设立公示牌，将项目规模、建设内容、总投资等主要信息公开公示，充分保障农民知情权，自觉接受社会监督。**四是强化资金廉政监督。**将项目资金安全使用列为高标准农田建设绩效考评一票否决事项，制定了《项目资金管理办法》《高标准农田建设廉政纪律"十严禁"》等资金管理制度，加大了项目资金专项审计力度，建立健全了纪检、监察、审计部门和高标准农田建设主管部门同频共振、同向发力的廉政监督机制。

五、维护群众利益，强化社会安全保障

坚持把保障社会安全稳定作为重要基础。**一是尊重农民意愿。**坚持"以人民为中心"发展理念，充分尊重农民群众意愿，注重对接产业需求，全面实行"三进"制度（一进片区，测量和掌握基本情况，绘制现状图；二进片区，征求农户意见和建议，制定施工图；三进片区，再次征求

意见，交村组、农户签字认可），确保规划设计上达要求、下接地气。**二是维护农民利益。**督促各地在农时季节抓紧完成调田、勘测、设计和招投标等前期准备工作；按照春节前完成田块平整、早稻栽插前完成工程收尾要求，抢抓冬闲施工黄金期，倒排工期，把握节点，强化调度，有效避免了因项目施工导致春耕生产受阻，农民利益受损，农民群众上访。**三是促进增产增效。**引导各地因地制宜，把高标准农田建设与"两区"划定、调优产业结构、建设现代农业园区、培育新型主体、打造休闲农业、推进精准扶贫、壮大村级集体经济和轮作休耕等深度结合，在确保粮食产能的基础上，大力推广种植优质稻、蔬菜瓜果、中药材等高效作物，做到实施一个项目，建好一片农田，兴旺一个产业，富裕一方百姓。

"十四五"时期是开启全面建设社会主义现代化国家新征程的第一个五年，也是全面推进乡村振兴、加快农业农村现代化的关键五年。江西省将认真贯彻党中央、国务院和省委省政府决策部署，坚持新建与改造并重，优先在永久基本农田、粮食生产功能区和重要农产品保护区开展高标准农田建设，确保已建高标准农田建后管护全覆盖，确保已建高标准农田耕地质量监测全覆盖，确保"十四五"高标准农田建设走在全国前列。

（江西省农业农村厅农田建设与耕地质量保护处供稿）

山东省：

加强农田建设保障粮食安全　为乡村振兴打牢坚实基础

近年来，山东省委、省政府认真贯彻落实习近平总书记关于粮食安全的系列重要指示批示精神，坚定扛牢农业大省责任，发挥农业大省优势，始终把粮食生产作为头等大事，把高标准农田建设作为保障粮食安全的重要抓手，深入实施藏粮于地、藏粮于技战略，持续提升粮食综合生产能力。截至2020年，全省建成高标准农田6 113万亩，为全省粮食生产连续7年稳定在千亿斤以上发挥了重要基础支撑作用。2020年，山东省高标准农田建设被国务院表彰为落实重大政策措施真抓实干成效显著激励奖励省份，同年，山东省在农业农村部高标准农田建设综合评价中获得表彰，并在全国冬春农田水利暨高标准农田建设电视电话会议上做了典型发言。

一、坚持高位推进，扛牢政治责任

山东省各级高度重视高标准农田建设工作，省委、省政府将高标准农田建设任务落实情况列为全省重点工作和重要督查激励事项，进行定期调度；省委书记、省长等多次就高标准农田建设工作作出批示指示。全省各级严格落实政府一把手负总责、分管领导直接负责的农田建设管理责任制，积极构建"政府主导、部门配合、群众参与、社会支持"的高标准农田建设推进机制，统筹抓好高标准农田建设工作。比如，滨州市成立了由分管市长任组长的高标准农田建设工作领导小组，统筹协调农业农村、发展改革、水利等10部门，形成工作合力，为推进高标准农田建设提供保障。

二、强化制度建设，完善标准体系

着眼强化建章立制长远性基础工作，加快健全完善政策、规划、标准、制度、考核等政策制度体系，不断提高高标准农田建设制度化、科学化、规范化管理水平。**一是完善政策体系。**加强顶层制度设计，建立健全"1＋N"的高标准农田建设政策制度体系。2020年，省政府制定出台了《关于切实加强高标准农田建设 提升粮食安全保障能力的实施意见》，围绕项目管理，不断完善配套制度，先后出台了《山东省农田建设项目管理办法》《山东省高标准农田建设评价激励实施办法（试行）》《山东省农业农村厅关于建立农田建设调度制度的通知》《山东省农田建设项目竣工验收办法》《山东省农田建设项目评审办法》，为规范农田建设管理提供了制度保障。**二是完善规划体系。**在全面摸清"十二五"以来高标准农田建设数量、质量、分布和利用等情况的基础上，启动开展了省、市、县"十四五"高标准农田建设规划编制前期准备工作，加快推动构建上下结合、紧密衔接的规划体系。**三是完善标准体系。**山东省通过政府购买服务方式，启动开展了高标准农田建设标准和投资标准研究工作，全省划分为黄泛平原、山前冲积平原、黄河三角洲、胶东半岛丘陵和泰沂低山丘陵五种区域类型，并结合典型项目调查分析，加快构建全省分区域高标准农田建设地方标准体系。**四是完善监管体系**。将高标准农田建设纳入全省38项省级督查检查考核事项，以及16项贯彻中央决策部署落实省委省政府重点工作成效明显激励支持措施。2020年，依据《山东省高标准农田建设评价激励实施办法（试行）》，对各市农田建设工作综合考评，并对建设成效明显的排名靠前的10个市进行了通报表彰。

三、突出建设重点，优化区域布局

在建设区域方面，优先向全省划定的5 200万亩粮食生产功能区、400万亩重要农产品保护区和粮食产能大县倾斜。2020年安排以上区域的高标准农田建设项目393个，建设面积374.25万亩，占全省任务量的71.4%。2022年前，力争将"两区"率先全部建成高标准农田，打造全省粮食生产核心区，为圆满完成建设任务、保障国家粮食安全提供坚实支撑。**在建设内容方面**，坚持因地制宜、综合治理和"缺什么补什么"原则，大力实施高效节水灌溉，推动发展喷灌、微灌和水肥一体化，积极开展精准灌溉、智慧灌溉工程，切实提高水资源利用效率。截至2020年底，全省累计建设高效节水灌溉面积4 035万亩，农田灌溉水有效利用系数达到0.646，连续多年实现农业增产增效不增水。其中，2019—2020年，山东省共建成高效节水灌溉面积525万亩，连续两年超额完成国家下达的建设任务。同时，大力推动土壤改良，推广农业先进实用技术，加强农田"宜机化"改造，完善农田林网建设，推进田土水林路电全面配套，确保建一片、成一片。

高标准农田建设项目区（德州禹城农业项目开发中心提供）

四、加强过程监管，提升标准质量

围绕建设高产稳产、旱涝保收高标准农田建设任务目标，不断提升高标准农田建设标准质量。**一是强化质量监管**。根据农业农村部《高标准农田建设质量管理办法》，研究修订山东省高标准农田建设质量标准体系，规范高标准农田项目事前、事中、事后全过程管理，积极推广日照、禹城等数字化平台监管模式，强化质量安全实时管控。全面推行"四制"管理，严格落实项目法人、施工单位、监理单位、建设单位质量安全责任，完善政府监督、专业监理、群众参与"三位一体"的质量监管机制。**二是突出耕地保护**。因地制宜增加田块整治、地力培肥、土壤改良相关治理措施，统筹秸秆还田、水肥一体化、化肥农药减量增效、畜禽粪污资源化利用、农用地膜污染防治、轮作休耕、深松深耕等项目在高标准农田项目区内落地，着力补齐建设短板，把"软"措施做实。**三是强化安全生产**。全面抓实抓好农田建设项目安全隐患排查治理，配合有关部门做好儿童防溺水等专项整治，构建全流程、多层级的安全保障网，防止安全生产事故发生。**四是严格督查考核**。将高标准农田建设列为全省38项省级督查检查考核事项之一，以及16项贯彻中央决策部署落实省委省政府重点工作成效明显激励支持措施之一，全面加强督导考核，确保如期完成建设任务。出台《山东省高标准农田建设评价激励实施办法（试行）》，对各市农田建设工作进行综合考评，强化考评结果应用，调动各市抓农田建设的积极性。2020年，经省政府批准，对建设成效明显的10个市进行了通报表彰，奖励资金2亿元。

高标准农田建设项目区（山东聊城临清农业农村局提供）

五、谋划创新举措，开展示范创建

积极开展试点示范，探索农田建设高质量发展道路。**一是开展高标准农田整县推进创建**。制定下发《山东省高标准农田整县推进创建实施方案》，鼓励支持工作基础好的粮食产能大县整县推进高标准农田建设，通过实施区域"高标准农田＋"建设模式，推动基础设施配套、耕地质量提升、技术推广应用、土壤墒情监测等资源要素向示范创建县域集聚。**二是开展引黄灌区农业节水工程示范**。为贯彻落实习近平总书记关于黄河流域生态保护和高质量发展的指示精神，结合省委省政府关于实施引黄灌区农业节水工程建设的决策部署，以高标准农田建设项目为平台，整建推进沿黄区域节水灌溉示范区创建，通过采取"巩固、续建、新建"综合措施，全面完善灌区骨干工程和田间灌排工程，配套灌溉用水计量设施，使灌区2 700多万亩耕地全部实现按方收费、高效节水、精准灌溉。实现2 858万亩有效灌溉面积全部节水化，其中高效节水灌溉面积占80%以上。

（山东省农业农村厅农田建设管理处供稿）

河南省：

打造高标准农田"升级版"

随着兰考县、宝丰县等示范县高标准农田智能管理中心建成投入运营，河南2020年启动建设的54万亩高标准农田示范区已全面建成，标志着河南自筹资金、提高建设标准，开展高标准农田示范创建、打造高标准农田"升级版"，取得了阶段性成果。一年来，河南高标准农田示范创建工作得到了省内外社会各界的广泛关注，示范区先后接待了胡春华、吉炳轩、武维华等多位党和国家领导人，唐仁健、韩长赋、王国生、尹弘和王凯等20多位省部级领导，以及22个省份73个考察团（调研组），筹备了全国高标准农田建设工作现场会议、全国水肥一体化技术应用与示范现场观摩会等7次行业现场会议，接受新华社、人民日报、中央电视台等11家中央和省部级媒体深入采访，较好地发挥了示范引领作用。

一、创建背景

（一）河南农田建设的历史沿革

早在20世纪80年代，河南就组建黄淮海平原农业综合开发办公室，举全省之力对黄淮海平原中低产田进行大规模改造和治理，有组织、有计划的大规模农田建设拉开了序幕。2008年，河南省政府编制实施《河南粮食生产核心区建设规划（2008—2020）》，将建设高标准农田、打造粮食生产核心区上升为全省战略。进入"十二五"后，在国家统一部署下，河南进一步强化高标准农田建设，2011—2018年期间，累计投资960亿元，建设高标准农田6 320万亩，有力保障了河南省粮食产量连续多年稳定在1 300亿斤以上，为保障国家粮食安全作出了突出贡献。

（二）河南已建成高标准农田项目现状

实地调研发现，20世纪90年代及21世纪初投资建设的项目区早已超过项目工程设计使用年限，除部分坚固耐用的桥涵仍在使用外，农田灌溉设施、排涝沟渠等已基本不能使用，农田林网已不复存在。进一步对2011—2018年建成的高标准农田项目区重点设施情况进行了全面普查摸底发现，期间建成的6 320万亩高标准农田项目中，有三分之一的项目工程设施完好，可以正常使用；有三分之一的项目区工程设施基本完好，灌溉、道路等设施可以正常使用；有三分之一的项目区灌溉水源无保障、灌排工程残缺，难以满足日常需求，抗灾减灾的功能已经丧失。

（三）关于工程设施长期发挥效益的思考

在实地调研和项目普查中，存在一些共性问题：**凡是工程设施保存完好、使用年限长久的项目**，一方面在于管护到位，如开封市每年开展管护月，组织人员对项目区的沟渠进行排淤、疏浚，灌溉等设施进行集中维修，其项目区的排涝和灌溉设施得以长期保持使用良好状态；另一方面是项目投资标准高，工程设施坚固耐用，如许昌市建安区2013年投资建设的高标准农田项目，排涝沟渠衬砌了透水砖，至今仍然保存完好，其自筹资金配套建设的喷灌、滴灌等高效节水灌溉设施，受益群众爱惜使用，至今仍在发挥节水效益。**凡是工程设施损毁严重的项目，一方面在于管护责任没有得到有效落实，受恶劣天气、田间作业和管护缺位等多方面因素影响，工程设施损坏后往往得不到及时修复，进一步加快损毁速度；另一方面在于项目投资标准低，比如排涝沟渠无衬砌只靠夯实土层，若遇大雨容易被冲毁，项目竣工2～3年后项目排涝设施完全损毁，丧失使用功能。**

二、建设过程

站在农业高质量发展的角度，如何才能破解上述问题？河南进行了思考。经过深入调研论证：**以提高建设标准和工程质量为目标的高标准投资就是最大的节约；为降低成本而拉低投资标准就是最大的浪费。**副省长武国定明确提出：**新时期高标准农田建设，理念要适度超前，坚持"一次投资、长期受益"原则，立足节水农业、智慧农业和现代农业，以"建设标准化、装备现代化、应用智能化、经营规范化、管理规范化"为标准，开展高标准农田示范创建，打造一批真正意义上的高标准农田。**乘机构改革东风，河南高标准农田示范创建工作正式拉开序幕。

谋篇布局。2019年12月25日，武国定副省长来到周口市淮阳县高标准农田项目区调研，勉励周口市政府在商水县、淮阳县和郸城县，通过自筹资金或整合涉农资金，开展示范创建，打造新时期高标准农田建设的标杆。2019年12月28日，武国定副省长主持召开省长办公会议，明确提出要依托2020年度高效节水灌溉工程建设，鼓励条件好的市县自行筹措建设资金、发行专项债券、从土地出让金中列支、整合涉农资金、新增耕地指标交易等途径，加大投入力度，按照不低于3 000元/亩的投资标准，重点打造一批高标准农田示范区。

摸索前行。在省农业农村厅等省直部门的指导下，周口市广泛调研、深入论证，以高效节水灌溉为核心内容，以现代农业、节水农业、智慧农业为框架，坚持"四抓四促"，在商水县、淮阳县和郸城县建设高标准农田示范区。**抓规划促引领**。高目标定位、高起点规划、高水平设计，做到项目区工程规划设计与规模化、标准化、绿色化、品牌化相结合，公司化运营，放大高标准农田产出效益。**抓质量促提升**。统一建设标准，把自动喷灌、物联网、大数据、区块链等现代信息技术应用，植入项目建设。**抓示范促带动**。规模经营上，商水县将示范区与培育新型农业经营主体相结合，打造小麦良种繁育基地，创建种业品牌；产业融合上，郸城县将示范区与农业科技试点一二三产业紧密结合，形成了生物育种—科学种植—精深加工—市场物流—废弃资源利用—美丽乡村建设全产业链循环发展模式；转型发展上，淮阳区将示范区与特色产业发展相结合，将国家地理标志产品黄花菜等布局到示范区，促进产业转型升级。**抓管护促长效**。县级层面成立农田管护工作领导小组，统筹管理农田基础设施运营，县财政每年至少安排专项管护资金500万元；乡镇政府成立管护办公室，承担管护主体责任；行政村配备专业管护人员，具体负责管护。

惊艳亮相。2020年5月10日，全省高标准农田示范创建工作现场会议在周口市召开，商水县、淮阳县和郸城县7万亩高标准农田示范区在全省首次亮相，与会人员实地观摩后，深刻感受到了周口速度、周口经验和周口标准，备受震撼。武国定副省长在大会上指出：商水、淮阳和郸城县高标准农田示范区，井堡、出水口采用玻璃钢装置，沟渠衬砌透水砖，节水灌溉设施配套齐全，农田林网乔灌结合，做到建设标准化；示范区集中布局气象、土壤、病虫害等现代农业监测防控设施，实现装备现代化；气象、土壤、病虫害等现代农业监测防控设施配套完善，喷灌、滴灌、水肥一体化等灌溉设施可通过指挥中心或智能终端操作使用，实现应用智能化；示范区土地充分流转，生产效率和产出效益明显提高，实现规模化经营；项目建立管护机制，成立组织、配备人员、落实经费，做到管理规范化。

2020年9月7日，全国高标准农田建设工作现场会在周口市召开，与会的国家部委领导、全国同仁对河南高标准农田示范创建工作均给予高度评价。刘焕鑫副部长特别指出：河南以"建设标准化、装备现代化、应用智能化、经营规模化、管理规范化"为抓手，打造50多万亩升级版高标准农田建设，既提高了项目综合效益，也有力推动了脱贫攻坚和现代农业发展，为全国树立了现代农田建设标杆。

全面开花。全省高标准农田示范创建工作现场会议后，省农业农村厅先后制定出台《河南省高标准农田示范创建指南（试行）》《河南省高标准农田项目前期工作手册》等，并组成工作组分赴各地指导示范创建工作。全省39个示范县借鉴周口经验，积极探索高标准农田建设的思路和模式，形成了"省级高位推动、市县全面开花"的局面。比如，**信阳市**结合本地自然资源和地形特点，创新思路，探索"高标准农田＋新型经营主体"打造规模化"田园"，"高标准农田＋美丽乡村"打造美丽"家园"，"高标准农田＋文旅融合"打造多彩"游园"，"高标准农田＋产业发展"打造特色"产业园"。**许昌市**在高标准农田示范区大力推广应用水肥一体化、精量播种、机械植保、保护性耕作、秸秆综合利用绿色高效农机化技术，促进农业生产效率提高。**鹤壁市**实施"数字农田"工程，在示范区建设中探索节本增效农业物联网应用模式，年亩节约成本133元，年亩新增效益359元。**开封市**强化项目建后管护，运用大数据管理解决底子不清的"难点"，以问题为导向化解多头管理的"堵点"，坚持效益优先破解低效管护的"痛点"，实现项目工程设施长期发挥效益。**漯河市**将"十二五"以来已建成高标准农田和新建高标准农田全部纳入网格管理，构建乡镇、行政村和台区三级农田工程设施"网格体系"，建立了县级建设、乡级管理的管护长效机制。**宝丰县**结合示范创建，采取"公司＋基地＋农户"的方式，实行市场化运作，引导种粮大户、合作组织参与，建设一个智慧农业核心区、四个优质小麦粮油加工示范园、八大配套服务体系，着力打造现代田园综合体和乡村振兴先导区。**舞钢市**坚持高标准农田建设与智能节水灌溉相结合，发展高效节水示范方3万亩；与绿色食品原料生产基地相结合，发展面积5万亩；与高效农业相结合，发展富硒小麦5 500亩；与智慧农业相结合，建设智慧气象站，提升农业综合生产能力。**固始、淮滨**等县以高标准农田项目区为平台，建设优质专用小麦生产基地县，落实专种、专收、专储、专用，打开了茅台、五粮液高端白酒原料供给市场，提高了产出效益。

三、重要意义

河南是农业大省，开展高标准农田示范创建既立足当前，又着眼长远，具有十分重要的意义。

开展高标准农田示范创建，有利于从根本上提高农田产出水平。习近平总书记2014年在河南视察时就指出，"粮食生产根本在耕地，命脉在水利，出路在科技，动力在政策"。提升耕地地力和产出能力是保障粮食安全的核心。而按照现行1 500元/亩标准建成的高标准农田，仅仅解决了基本的灌排问题，还做不到灾年不愁、旱涝保收。开展高效节水灌溉示范创建，就是要通过提高建设标准，打造高标准农田"升级版"，实现粮食持续稳产增收，引领新时期农田建设和现代农业发展方向。

开展高标准农田示范创建，有利于提高农业用水效率。河南人均水资源占有量不足全国平均水平的1/5，是严重缺水省份。农业是河南用水大户，年用水量占到全省用水总量的51.1%；由于长期超采地下水，全省已形成4.44万平方公里的地下漏斗。目前，河南农业节水灌溉面积仅占耕地面积的32%，低于全国平均水平13个百分点，农田灌溉水有效利用系数只有0.614。长此以往，农业发展难以为继，必须大力发展高效节水灌溉，提高用水效益，解决农业用水消耗高的问题。

开展高标准农田示范创建，有利于展示现代农业发展的前景。作为农业大省，今后如何发展现代农业，需要让人们看到方向，坚定信心。通过开展示范创建，打造一批真正能代表河南省农业水平的示范区，可以向社会展示河南省现代农业发展的美好前景，树立现代农业发展标杆，形成现代农业发展导向。

开展高标准农田示范创建，有利于引领推进新一轮粮食生产核心区建设。河南积极向国家争取开展新一轮粮食生产核心区规划建设，在新的粮食生产核心区建设中，高标准农田的建设标准、投资标准都将进一步提高。现在开展高效节水灌溉示范创建，就是为新一轮高标准农田建设提供示范、积累经验。

高标准农田建设项目区（河南省鹿邑县农业农村局提供）

四、几点体会

回顾河南高标准农田建设的历史，总结一年来高标准农田示范创建实践，有以下深刻体会：

（一）提高政治站位是前提

高标准农田建设决不能局限于项目建设，必须上升到粮食安全大局、乡村振兴全局，通盘谋划、统筹推进。河南近年来高标准农田建设之所以推进快、质量高、成效明显，原因之一在于省委省政府始终把建设高标准农田作为确保国家粮食安全的一项重要政治任务牢牢抓在手上。省委常委会议、省政府常务会议多次就推进高标准农田建设进行研究，每年省委农村工作会议、省委1号文件都对高标准农田建设工作进行重点安排。省委省政府主要领导亲自安排、亲自部署，多次到项目区调研指导，听取汇报，协调解决问题。省政府还将高标准农田建设纳入省级重点督查事项，有力推进了高标准农田建设和示范区创建。

（二）理顺体制机制是保障

2018年机构改革后，部门力量拧成一股绳，资金汇到一个池子，为高标准建设和示范创建创造了历史机遇。河南强化部门统筹，在省级层面实现"一个任务清单、一个资金渠道、一套管理体系"，构建了由农业农村部门集中统一管理的农田建设机制；省自然资源厅积极配合做好新增耕地认定，出台指标交易指导性文件，优先安排高标准农田新增耕地上市交易；省水利厅将农业水利工程建设与高标准农田建设相衔接，实现灌区干支渠与高标准农田末级渠系相贯通；电力部门全部承担项目区高压设施的投资建设和后期运维；农业科研院所、水利勘察设计机构等积极发挥外智外力，参与高标准农田建设，形成同频共振、同步推进高标准农田建设的强大合力。

（三）健全投入机制是关键

当前和今后一个时期，高标准农田建设任务十分繁重，资金需求持续增加，单纯依赖一般公共预算弥补高标准农田建设投入缺口将难以为继，特别是承担建设任务的基层政府财政比较困难，配套资金压力很大，必须探索建立农田建设资金多元投入机制。河南省立足省情实际，多渠道筹措建设资金：**强化财政投入**，省政府明确省、市、县三级按6∶2∶2的分担比例落实财政资金，形成稳定的财政资金投入机制。省财政通过调整支出结构、压减一般性支出，近三年足额安排配套资金68亿元；**用好金融资金**，省农业农村厅先后与国家开发银行河南分行、中国农业发展银行河南分行签署战略合作框架协议，并与中国农业发展银行河南分行联合下发《关于支持使用农业政策性银行贷款建设高标准农田的通知》，帮助市县使用政府债券12亿元、政策性银行贷款4.33亿元；**引进社会资本**，运用市场化手段，吸引社会资本投入高标准农田建设，近三年共使用社会资本6.43亿元；**整合部门资金**，以高标准农田为平台，将有关涉农资金集中使用，发挥资金聚合效应，近三年累计整合涉农资金2.65亿元、电力投资9.60亿元。

（四）严格工程质量是根本

高标准农田项目事关国家粮食安全根基和民生福祉，必须确保建成示范工程、民心工程。河南始终牢固树立质量第一的理念，强化工程质量管理，在全省实行"五统一"，即：投资标准全省统一，按不低于1 500元/亩的标准建设（高标准农田示范区不低于3 000元/亩）；技术路线全省统一，重点突出农田灌溉和耕地地力提升；建设模式全省统一，坚持整乡推进、集中连片、规模开发；项目实施全省统一，由县级农业农村部门组织实施；建设规范全省统一，严格执行高标准农田建设通则和评价规范。在项目设计、招标投标、工程施工、竣工验收等环节严格把关、全程监督，确保工程质量达标。

（五）强化信息科技是支撑

高标准农田建设要积极探索通过信息化科技手段，突出解决好防灾减灾、监测监管等问题。河南在高标准农田建设，特别是高标准农田示范区创建中，通过配套建立病虫害智能检测分析、小气候信息采集、土壤墒情监测分析等生态远程监测监控系统，强化小麦条锈病、赤霉病和草地贪夜蛾等重大病虫害防控，以及干旱、洪涝、干热风、低温冻害等气象灾害防治；推进全省信息管理系统建设，强化农田建设和耕地质量动态监测监管，全面提升农田建设管理工作的信息化水平，为"智慧耕地"平台建设提供新支点。

（六）建立管护机制是保证

高标准农田"三分建、七分管"，建后管护的水平直接影响已建高标准农田项目的长期实施效果。河南将高标准农田项目工程设施运行管护放到与建设同等重要的位置，切实改变"重建轻管"的局面。**一是推进管护利用法治化。**出台《河南省高标准粮田保护条例》，从地方立法层面明确了管护主体、管护责任和管护义务。**二是全面开展问题工程设施整改提升。**从2020年开始，由农业农村部门牵头，组织对"十二五"以来已建项目问题设施进行整改提升。**三是推广管护模式。**先后在全省推广了村组集体"共管模式"、委托种粮大户和新型经营主体"托管模式"以及由农民用水者协会管理的"自管模式"。**四是理顺配电设施运维机制。**省政府明确新建高压设施由电力部

高标准农田建设项目区（河南省南阳市农业农村局提供）

门建设和运维，存量高压设施由电力部门逐年接收整改，从根本上破解了项目区灌溉设施供电难和配电设施易损坏、管护难等历史性问题。

（七）强化队伍建设是基础

农田建设工作任务重、头绪多、专业性强、涉及面广，需要一支懂业务、勤奉献、能吃苦的队伍。河南一方面围绕农田建设各环节，加强业务管理、技术支撑、咨询服务等队伍培养，全省农田建设系统累计举办农田建设业务培训班、培训会议405次，累计培训16 900多人次，系统解决一线农田建设人员业务能力不足、政策适用不准等问题，为项目组织实施提供了队伍保障。另一方面积极利用第三方资源，引进水利系统农水站、自然资源系统土地整理公司等技术支持单位，吸引外脑支持农田建设工作。

（河南省农业农村厅农田建设管理处、农业科技发展中心供稿）

湖北省：

以"三高"推进　成"四大格局"　显"五大亮点"

　　湖北省以统筹城乡发展、加快乡村振兴建设为目标，以促进产业发展、农民增收为核心，以实施高标准农田建设、加快适度规模经营为手段，服务农业龙头企业、新型农业经营主体，高标准、高质量、高速度推进农田建设，便捷融入全省农业农村现代化进程，促成全省形成大农业田块、大交通网络、大水利格局、大产业模式的"四大格局"，呈现出特色产业蓬勃发展等"五大亮点"。在这项助民、利民、惠民的高标准农田建设工程实施过程中，一批批环保生态农业产业相继落户农村，日渐壮大的市场主体推动了农业产业转型升级，加快全省农业高质量发展进程。

一、从"五牛下田"到"五大亮点"

　　"道路不通，地块分散，不是旱就是涝，看天播种、靠天收粮。"这是很多农田建设前的真实写照。由于基础条件差，田块无法流转，种粮户只能将责任田抛荒、闲置，无法从责任田里获取收益。如今，机耕道通到家门口，水泥渠修到田中央，抛荒地成了连片田、高产田、"吨粮田"，这些均成为田野的希望、乡村振兴的抓手、"三农"的未来。

　　然而，回首湖北省高标准农田建设走过的路，并非平坦。

　　湖北省高标准农田建设起步较早，但实施过程中，存在**推进难、见效微**的问题。为找到症结所在，省农业农村厅按照省委、省政府要求积极展开深入调研，找到了问题症结：市场原因导致高标准农田建设和农民种田积极性不高；农民对土地流转认识不足；乡村农田整治推进参差不齐；高标准农田建设发展经济需求对接融合发展不够；相关管理部门呈"五牛下田"之势，难于形成合力。为了改变这种局面湖北省积极开展工作，呈现五大特色亮点。

　　一是抓机构改革，整合农田建设职能，为高质高效推进提供了人力保障。2019年3月，按照湖北省委、省政府批准的"三定"方案，高标准农田建设管理的职能划归到农业农村部门，农业农村厅新设立农田建设管理处，处室人员由发展改革、财政、自然资源、水利、农业农村等部门人员组成，负责全省高标准农田建设管理工作。

　　二是摸清建设项目底数，为扎实推进提供数据支撑。为解决"十二五"以来项目建设底数不清的问题，省农业农村厅协调省发展改革、财政、自然资源、水利等部门，组织专人成立专班，对全省"十二五"以来高标准农田建设情况进行全面彻底的清查评估，为新一轮高标准农田规划建设提供扎实的数据支撑。

　　三是创新机制，开展建章立制，为高速推进提供了法律保证。针对机构改革、职能整合过渡时期，相配套的系列规章制度还没有出台的实际，湖北省主动跟进农业农村部关于配套规章制度制定出台有关情况，掌握有关政策要求，紧紧围绕农田建设"五统一"并根据本省推进农田建设工作需要，抓紧启动了部分管理规章制度的制定工作。根据相关政策法规，先后制定了《湖北省农田建设项目调度制度》《湖北省高标准农田建设评价激励实施细则（试行）》《湖北省农田建设管理"十严禁"工作纪律》等制度规定；印发了《关于做好2019年度高标准农田建设项目评审工作的通知》《关于切实做好当前高标准农田建设管理工作的通知》等文件；研究制定了《湖北省农田建设项目管理实施细则》，联合省财政厅印发了《湖北省农田建设补助资金管理实施细则》，并结合本省实际，制定了《新型经营主体建设高标准农田建设管理办法》《湖北省农田建设竣工项目验收管理办法》等系列管理制度，做到各项工作有章可循。

四是强化培训指导，提升了队伍的专业能力。 为了尽快适应机构改革新形势，省农业农村厅主动到农业农村部汇报交流，先后派出30多人次参加农业农村部组织的培训；主动到发展改革、自然资源、水利、财政等部门沟通讨教，增强专业技能；两次汇编农田建设项目管理相关政策法规和国家部委、省级文件等资料1 000多册，下发市、县学习使用；每年举办两期全省农田建设管理业务培训班，进一步统一了思想认识，厘清了工作思路，掌握了管理政策和业务知识，提升了全省农田建设管理队伍的专业能力。

五是突出重点，统筹推进，促进特色产业蓬勃发展。 按照农业农村部关于下达2019年340万亩、2020年340万亩农田建设任务的通知要求，依照综合因素分配法和"五个优先"原则，湖北省拟定高标准农田建设任务分解初步方案，报经省政府同意后，将年度建设任务（含高效节水灌溉面积任务）正式按期分解下达到全省各市、州、县（市、区），并上报农业农村部备案；根据省政府决策和国家级贫困县资金增幅要求，对部分县市建设任务进行了调整，既满足高标准农田建设要求，也满足精准扶贫要求。

建设任务下达后，部分地方在项目选址及设计过程中遇到一些问题和难题，大部分由机构改革后高标准农田建设项目管理过渡时期的制度性空缺导致。湖北省结合工作实际，参考发展改革、财政、国土、水利等部门关于高标准农田建设项目管理的制度办法，专门下发了《关于当前高标准农田建设项目申报若干问题的答复意见》，对基层广泛关注的资金来源和投资构成、项目法人、各项取费定额标准、招投标、上图入库、项目评审、新型经营主体实施高标准农田建设项目、遗留项目处理、任务调整等部分共性热点问题进行了明确答复。下发了《省农业农村厅办公室关于切实做好当前高标准农田建设管理工作的通知》，要求全省提高站位，确保中央和省委、省政府关于新时期高标准农田建设各项决策部署落到实处；突出重点，统筹推进当前高标准农田建设各项工作；多措并举，切实加大项目建设资金投入力度；着眼长远，调整优化本地区高标准农田建设规划布局；科学管理，建立健全高标准农田建设集中统一管理工作机制。

二、力推"六大结合"，促成"四大格局"

转变观念，凝聚共识。湖北省紧紧围绕千湖鱼米之乡、特色农产品进行相关高标准农田建设。融合协作，发展提速，打造优势农业产业。

在推进高标准农田建设时，湖北省力推"六个结合"：**与粮食生产功能区、重要农产品生产保护区建设相结合；与乡村振兴建设相结合；与农业产业结构调整相结合；与各地精准扶贫相结合；与引进市场主体、发展现代农业相结合；与农业农村经济合作组织推进相结合。**

近4年来，湖北省还通过宣传、试点、参观、交流等方式引导农民转变观念，提高农民对高标准农田建设和农业产业化发展的认识。湖北省抢抓土地"三权分置"政策机遇，运用土地确权成果，率先创建土地股份合作社、劳务合作社、资本合作社。资源变资产、资金变股金、农民变股东，由合作社与新型市场主体对接，整体改造，规模经营，打破"一家一户"分散经营模式。

通过劳务合作社向新型市场主体派遣劳务用工，实现企业家种地、农民职业化转型，使高标准农田形成资产入股分红。

高标准农田建设促成全省形成**大农业田块、大交通网络、大水利格局、大产业模式**"四大格局"，促进了湖北省农业农村经济大发展，让种植户无论是自己种植、增产增收，还是流转土地、打工挣钱都得到了实惠，尝到了甜头。

三、从"烫手山芋"到"抢手香饽饽"

高标准农田建设使土地流转起来，人力资源流动起来，闲余资金周转起来，湖北省走出农村改革的一条新路，推动了农业产业转型升级，加快了湖北省农业高质量发展进程。

湖北省试点公安县选择麻豪口镇沙场村，以高标准农田建设为契机，成立土地股份合作社，将全村5 791亩耕地量化折股。通过高标准农田建设项目改造后，流转给家庭农场，农户和村集体股份实行"保底＋盈利分红"。运行1年，村集体增收15万元，村民平均每亩增收400余元。

试点示范作用立竿见影，农民眼见为实，主动参与高标准农田建设和土地整治流转。目前，全县成立土地股份合作社123个、劳务合作社94个，连片流转土地1 000亩以上规模的村达到69个。初具规模的69个高标准"梧桐树"，引来了市场主体，引来了生态农业，引来了虾稻连作、生态果蔬等特色产业的"金凤凰"。

曾经被闲置的"烫手山芋"一下成了新农业产业发展的"香饽饽"。国家级农业龙头企业广东四季绿公司100平方公里有机农业产业园落户孟溪大垸，通威股份打造20万亩高标准稻渔共作产业基地。

同属于公安县的章庄铺镇欣荣村与沙场村相似，通过3个合作社带动，让农民参与高标准农田建设积极性更高，让农民种田信心更足，让市场主体投资热情更高，让农村农民更富。

近年来，欣荣村组建章庄铺镇七彩阳光土地股份合作社、欣荣村金盛劳务合作社、欣荣村资本合作社，引进市场主体经营、发展生产。全村80%农户以合股形式带田入社，引进市场主体鑫盛农贸公司与七彩阳光土地股份合作社合作，在高标准农田建设的基础上，共流转土地8 000余亩。按照合作经营合同，群众可得到每平方米0.8元的保底分红。近4年来，合作社每年将近270万元保底收益发放到农户手中。有劳动能力的农户通过劳务合作社介绍，在公司从事劳务生产，获取劳务收入。

此外，土地获取收益后，按照股份实行第二次分红，农民可最大限度获取经济效益。农户带田入社得底金、参与劳动得薪金、效益分红得股金，该村入社农民每户每年平均可增收近3万元。鑫盛农贸公司与七彩阳光土地股份合作社共同实施高标准农田整理和农园综合体及美丽乡村规划。截至目前，按高标准农田的要求，该村已平整土地5 500余亩，新建二级提水泵站4座，新修生产路12公里，新挖土沟渠20公里，改造低洼田成标准养殖水面400余亩，改造荒坡地成果木基地300余亩、蔬菜地200余亩。

高标准建设必须实行高质量管护，为了让市场主体和产业更好落地，公安县遵循"谁受益、谁负担，谁使用、谁管护"的原则，实行专业管护和群众管护相结合。4年来，公安县在推进高标准农田建设过程中，新建泵站600余座，疏挖沟渠720公里，新建道路1 200公里，架设电网90余公里，农村基础设施得到极大改善，美丽乡村建设插上腾飞翅膀。

四、从"摸着石头过河"到架起"航标灯"

"摸着石头过河"，目标是要达到彼岸，是要过河。但高标准农田建设之初，没有现成的经验可资借鉴，更没有捷径可走。全省各地大胆创新，涌现出丘陵地带的咸宁市"五四三"，山区特色的恩施土家族苗族自治州"五个一"，平原地带的嘉鱼县"四个坚持"、当阳市"四高"等"航标灯"式的经验及模式，供全省学习借鉴。

最值得称道的是襄阳市襄州区"4444"模式。即：4个机制、4个衔接、4＋4模式。

（一）健全4个机制，高效率推进

一是建立多元投入机制。坚持以中央、省项目资金为主，以多渠道、多形式吸纳社会资本为辅，最大限度整合资源，助推高标准农田建设。近年来，襄州区多渠道筹措资金11.8亿元，新（补）建高标准农田近100万亩。**二是建立奖励激励机制。**财政每年拿出2 000万元，按"以奖代补"方式，通过市场化运作，重点对镇级投入和社会力量投入建设予以重奖，对参入高标准农田建设且示范性强的20多家新型经营主体给予奖励，引导更多的新型经营主体参入高标准农田建设。对工作出色的乡镇奖励工作经费。**三是建立运行管护机制。**签订管护协议，筹集管护资金，以村组为单元，落实管护主体和责任。每村明确1名管护责任人，每组明确1名日常管护人，负责农田基础设施的日常管护。对管护人员统一培训，登记造册，专人管理，保证机电井、泵站等基础设施规范操作，长期发挥效益。**四是建立日常监督机制。**在高标准农田项目建设过程中，每村明确1名村干部、每组确定2名以上党员或群众代表为工程质量监督员，监督工程质量。区纪委监委派驻纪检干部负责监督，切实把资金管理作为"高压线"，对工作落实不力、执行不到位的，启动倒查问责机制，确保项目安全、资金安全、队伍安全。

（二）建立4个衔接，高质量谋划

一是与乡村振兴、脱贫攻坚相衔接。在高标准农田规划设计时，重点突出建档立卡贫困村，项目建设范围涉及14个村。**二是与"两区"划定相衔接。**根据土地利用、农业发展、城乡建设以及当地种植实际和农户意愿等情况，运用146万亩"两区"划定、永久基本农田划定、农村土地承包经营权确权登记颁证等成果，科学编制项目设计，明确工作目标和任务要求，建设内容落实到田，确保高标准农田建设成果能长久、保得住。**三是与强弱项、补短板相衔接。**以鄂北水资源配置工程襄州段建设为主线，以316、207国道为支线，以大中型水库、骨干渠系及泵站为依托，确定年度高标准农田建设任务。将农业生产基础条件较差、水利基础设施薄弱、水资源利用率低、农机具作业条件差的黄龙、峪山等镇集中连片实施，破除过去部门分割、项目分割、撒胡椒面儿式的旧格局、旧作法。**四是与实际需求相衔接。**把调研检视问题与解决高标准农田建设中存在的问题相结合，发现过去实施的项目有多口机电井、泵站存在电力不配套问题，立即制定了三年行动计划，决定从区财政拿出5 500万元，逐步解决到位，从而使实施的项目产生最大的效益。

高标准农田建设项目区（湖北省枝江市农业农村局提供）

（三）创新模式，高标准建设

一是国家项目＋提质增效模式。近几年，通过高标准农田建设，开展精量播种、精准施肥、有机肥替代、北斗精准作业，耕地质量等级提高1个等级以上，小麦、水稻、玉米等粮食作物亩产增加100公斤以上，油菜、花生等作物产能增加5%以上，平均每亩节种10%、节肥15%、节药20%，节本增效100元以上。**二是地方债券＋村级集体经济模式。**区政府2017年、2018年用新增债券资金3.3亿元，建设高标准农田21.9万亩；2019年拿出5 481万元作为7.83万亩的地方配套资金，确保项目建设目标落到实处。高标准农田建成后，机电井、泵站等基础设施移交到村，形成集体固定资产，通过农田基础设施的运行，增加村集体经济收入，壮大了村级集体经济。**三是新型经营主体＋农户模式。**大力引进农民专业合作社、家庭农场等新型经营主体，通过对流转农民土地信息进行高标准采集并整理，推行"水稻＋""马铃薯＋"万元田高效种植模式，既稳定提升粮食产能，又明显增加农民收入。**四是土壤改良＋畜禽粪污资源化利用模式。**土地资源是襄州区的主要资源，土壤改良是高标准农田建设的主要内容之一。同时，襄州作为全国畜牧大县，因为环保压力，畜禽粪污资源化利用的问题也迫在眉睫。为使二者有机结合，襄州区积极探索高标准农田建设与畜禽粪污资源化利用相融合、相贯通的模式，即种养结合模式，先后引进安徽地康宝农业科技公司、湖南航天凯天环保科技股份有限公司等有机肥生产企业，年产能20万吨以上，利用有机肥改良土壤面积近10万亩。

（湖北省农业农村厅农田建设管理处供稿）

四川省：

强力推进高标准农田建设　进一步夯实粮食安全基础

四川省深入学习贯彻习近平总书记关于"三农"工作重要论述，牢记"擦亮四川农业大省金字招牌"重托，认真落实党中央、国务院决策部署，以提升粮食产能为首要目标，强化组织领导，加大投入力度，加强建设管理，抓好耕地保护，持续推进高标准农田建设。2011年至2019年，全省累计投入资金733亿元，建成高标准农田4 169万亩，有力支撑保障了全省粮食年产量700亿斤以上。特别是2020年以来，按照省委、省政府"农业多作贡献"要求，努力克服新冠疫情、特大洪灾双重影响，建成高标准农田380.04万亩，新增高效节水灌溉40.91万亩，均超额完成国家下达任务，多次得到农业农村部和省委、省政府领导的肯定批示，在全国2020年度考核中获得国务院激励奖励。

一、加强组织领导，统筹推进藏粮于地战略

四川省克服市县机构改革和新冠疫情的双重影响，以及2019年、2020年两年建设任务双重叠加的现实，强化组织领导和制度保障，全方位、高密度部署农田建设工作。**一是高位推动**。省委、省政府历来高度重视高标准农田建设工作，连续11年召开农田水利基本建设现场会强力推进。四川省省委书记在全省建设现代农业"10＋3"产业体系推进会议上提出，努力建成一批旱涝保收、宜机作业的高标准农田。四川省省长在全省粮食安全和生猪稳产保供工作会议上强调，加快高标准农田和农田水利设施建设，实现藏粮于地。省委、省政府分管领导多次专题部署高标准农田建设工作。**二是部门落实**。2020年在3—5月期间，先后召开全省高标准农田建设调度工作视频会议、全省农业农村局局长工作会议等5次全省性会议，持续用力部署和推进高标准农田建设工作，频率达到平均每半个月召开1次会议。**三是政策支撑**。2020年7月，省政府印发《关于切实加强高标准农田建设 提升粮食安全保障能力的实施意见》，明确提出，到2022年建成5 000万亩高标准农田的阶段目标，落实地方党委、政府的主体责任、支出责任。同时，省政府还成立了农田水利建设指挥部，连续10年召开全省农田水利暨高标准农田建设现场会议，持续加大对高标准农田建设的推进力度。

二、强化资金保障，健全投入稳定增长机制

投入不足是制约高标准农田建设的最大短板，四川省委、省政府高度重视，多措并举拓展资金来源。**一是确保1 500元的底线**。2019年，全省共争取中央财政资金41.6亿元、安排省级财政资金13.5亿元、由项目县落实财政资金6.1亿元，实现了"亩均财政资金不少于1 500元"的要求。**二是明确3 000元的基线**。从2020年起，省委农村工作会议和省委1号文件、《省委、省政府关于

加快建设现代农业"10＋3"产业体系推进农业大省向农业强省跨越的意见》中，明确要求"中央、省级和市县财政补助资金每亩共计不低于3 000元"。2020年全省高标准农田建设投入资金超过114亿元，其中省级资金55亿元。另外，还从省级层面切块下达抗疫特别国债18.8亿元用于高标准农田建设，整合各类涉农项目资金30多亿元。**三是千方百计提高上线。**采取"四个一点"来提高投入标准，即落实地方政府主体责任、支出责任，要求市县财政安排一点；通过涉农资金整合一点，特别是农业农村部门的所管项目资金，除直补资金外，其余应优先投向高标准农田建设项目区；发行专项债券筹集一点，2020年全省入库专项债券项目38个，计划发行56亿元，已成功发行17个项目，金额超10亿元；通过"先建后补""民办公助"等方式，鼓励社会资金投入一点。

三、严格考核奖惩，压紧压实市县主体责任

将高标准农田建设纳入省政府年度目标考核和乡村振兴先进县考评激励等指标体系，细化布局、建设、验收、入库、管护等任务。建立转变干部作风、增强工作执行力的"1＋5"调研督导机制，即由"1"名厅领导联系1～2个市（州），组成11个工作组对21个市（州）的高标准农田建设、粮猪生产等"5"大重点工作开展督导，其中3—6月的重点工作是督导高标准农田建设进度。**一是巡回督导。**督导组履行"一兵四员"职责，即做好"侦察兵"和"调研员、服务员、信息员、考核员"，对高标准农田建设项目开展全覆盖、巡回式督导。目前已连续3个月每月在基层工作10天以上，督进度、督质量、督风险、督建后管护利用。**二是定期调度。**厅主要领导每月听取一次调研督导工作汇报；厅党组每季度听取一次厅领导联系市（州）调研督导工作汇报，每半年听取一次工作专题汇报。工作组谈进展、谈问题、谈建议，业务处室点对点梳理问题、解决问题。**三是整改落实。**连续两年均由分管厅领导带队开展高标准农田专项督导，2020年第一轮督导项目开、复工，第二轮重点解决"1＋5"调研督导发现的主要问题。如泸定县是四川省最后一个开工的县，通过督导整改，县委、县政府分管领导每天到项目工地现场检查，农业农村局干部分片包干蹲点督导，每周向县委书记汇报项目进展情况，5月底该县已基本完成工程建设，赶上全省进度。**四是兑现奖惩。**将项目建设进度和年度完成情况，作为下年度任务和资金分配的重要依据，对年度任务未完成或进度慢的市县，除粮食直补等资金外，一律不安排或少安排下年度农业项目资金。

四、深化保护利用，促进农田建设可持续发展

四川省既重视"米袋子"，也强调"钱袋子"，注重在项目区推广"粮经""粮经饲"、稻鱼综合种养等种养循环绿色生态发展模式，将高标准农田建设与现代农业园区建设、产业发展有机结合，实现了良田粮用和农民增收。**一是创建"鱼米之乡"，实现稳粮增收共赢。**以稳粮增收、以渔促稻为目标，着力提升种粮效益、稳定粮食产量、保障粮食安全，实现良田粮用、产业兴旺、农民增收、业主获利等多方共赢。全省自2020年开展创建"鱼米之乡"示范县4个、示范乡镇20

个。**二是推进"五良"融合，建设现代农业园区。**良种、良法、良制、良田、良机是现代农业园区建设的基本要素，良田是"五良"融合的核心和基础，也是农业的先导性工程。通过田型调整、农田排灌渠系建设、地力培肥、生产道路建设和农田宜机化改造，实现"旱涝保收、宜机作业"的良田建设。在省级评定星级粮油现代农业园区的打分指标体系中，高标准农田被列为准入性指标，即如果地方所申报的星级粮油现代农业园区中高标准农田占比没有达到70%，则"一票否决"，不进入下一阶段评审。**三是加强建后管护，确保效益长期发挥。**将已成高标准农田纳入永久基本农田管理，划定为"两区"，鼓励地方对财政资金形成资产进行股权量化，落实管护主体、责任、制度和经费，加强工程运行管护和防灾抗灾减灾管理，避免"非粮化"和撂荒现象。

（四川省农业农村厅农田建设管理处供稿）

陕西省：

加快建设高标准农田　夯实陕西粮食安全基础

习近平总书记强调，抓农业农村工作，首先要抓好粮食生产。最近在吉林考察时又一次明确指示，要加快高标准农田建设，强化农业科技和装备支撑。通过学习习总书记关于粮食生产的重要讲话、重要指示和两次来陕考察的重要讲话精神，回顾近几年高标准农田建设的工作实践，陕西省更加深刻地认识到，大力推进高标准农田建设是稳步提高农业综合生产能力、保障国家粮食长久安全的重大战略举措。强化粮食安全省长责任制，完成好"十三五"高标准农田建设任务，提早谋划"十四五"加快推进高标准农田建设的顶层设计和关键举措，一张蓝图抓到底，为确保国家粮食安全贡献陕西力量，是一项必须坚决完成好的政治任务和重要工作。

一、加快建设高标准农田，是确保粮食安全的迫切要求和关键举措

1990年陕西省粮食总产突破千万吨大关，达到1 070.7万吨，此后30年间，除1994年、1995年、2001年、2003年等个别年份外，全省粮食总产一直稳定在1 000万吨以上，1998年创历史最高达到1 303.1万吨。2019年，全省粮食播种面积4 498.5万亩，总产量1 231万吨，平均亩产273.67公斤。当年粮食消费量1 530万吨，调入量为305万吨，其中小麦180万吨、稻谷125万吨。通过粮食生产与消费情况对比分析，小麦、稻谷等主粮及食用油呈净流入态势且逐年扩大。全省粮食自给率从2018年的80.1%逐年下降。

陕西属于国家确定的粮食产销平衡省份。从粮食生产情况看，虽然近些年全省粮食产量稳中有增，但供需"紧平衡"状态已经开始被打破。数据已发出警示，必须从确保粮食安全的大局出发，采取果断有力措施，尽快破解影响陕西省粮食生产的难点堵点问题。**一是坚决遏制粮食播种面积下降趋势。**2019年全省粮食播种面积4 498.5万亩，比2010年的4 739.5万亩减少了241万亩。**二是把改造中低产田、建设旱涝保收高标准农田纳入"十四五"规划**，统一布局，重点支持，发挥好大中型灌区在粮食生产中的主力军作用。**三是制定出台促进土地流转的有效政策措施**，发挥农民合作社等新型经营主体作用，破解粮食生产规模小、集中度低等难题。

二、加快建设高标准农田，要算好一笔账和绘好一张图

（一）精准评估"十三五"建设成效

2014年，《陕西省高标准农田建设规划（2012—2020年）》发布并提出，到2020年，全省计划投资295亿元，在关中平原区、陕南低山丘陵盆地区、渭北台塬区、陕北黄土高原丘陵沟壑宽谷沟道区和长城沿线风沙滩地区5个区域，建成集中连片、旱涝保收的高标准农田1 966万亩，新增粮食综合生产能力约20亿公斤，亩均粮食综合生产能力提高100公斤以上。几年来，全省上下

集中力量，加大推进力度，到2019年累计完成1 368.8万亩（不含各部门重复实施面积），占全省永久基本农田总面积的25.9%。其中符合旱涝保收标准的有829.2万亩，约占60%；基本符合标准的有471.2万亩，约占35%；需要提质改造的有68.4万亩，占5%。项目区农田灌溉保证率达到75%以上，2019年产粮690万吨，占当年全省粮食总产量的56%。不难看出，目前已建成高标准农田面积和粮食产量占比并不高。同时，高标准农田的增产潜力有待进一步挖掘，未来几年的建设任务依然艰巨繁重。

（二）建立高标准农田动态监管平台

综合运用遥感监控等技术，建立高标准农田管理大数据平台，以土地利用现状图为底图，全面承接高标准农田建设历史数据，统一标准规范、统一数据要求，把各级高标准农田建设项目立项、实施、验收、使用等各阶段相关信息上图入库，建成全省高标准农田建设"一张图"及相应的监管系统。

三、加快建设高标准农田，要做好"农水结合"这篇大文章

（一）坚持"以水为先"

水利是农业的命脉。"水搭台子农唱戏"是高标准农田建设的主要方向。2019年陕西省大中型灌区播种面积950万亩，占总面积的21.1%；灌区粮食产量463万吨，占总产量的37.6%；灌区平均亩产487公斤，高出全省平均亩产的78%。实践证明，高标准农田能否实现稳产高产，水利设施配套完善与否是决定因素。今后，陕西省高标准农田建设要继续坚持"水字当头""以水定田""以水定产"。根据陕西省地形地貌、水源和气候条件差异，关中地区重点发展集中连片灌区方田，有条件的地方可发展渠井双灌；陕南地区以利用好地表水为主，推广"小高抽"和移动式节水灌溉模式；陕北和渭北地区以利用好小水库、天然降雨为主，推广集雨（水）软体水窖技术模式。

（二）坚持"农水结合"

实施农田综合治理，多种途径开发土地资源。陕北以黄土高原丘陵沟壑区为重点，新修宽幅水平梯田，加大淤地坝建设；陕南大力实施"坡改梯"、沟道工程建设，发展水平石坎梯田、河滩造地；关中地区实施"坡改梯"和废旧庄基地复垦，增加灌溉面积和"四田"（梯田、台田、园田、坑田）数量。加快建成一批旱涝保收、高产稳产的高标准农田，稳定和提高粮食自给率。

（三）发挥大中型灌区主力军作用

陕西省粮食产出率较高的县（区）主要集中在宝鸡峡引渭、东雷抽黄、石门水库等大中型灌区，目前全省有效灌溉面积1 912万亩，实灌面积只有1 568万亩，两者相差340多万亩，主要分布在灌区渠系末端和周边地带。要以斗渠以下渠系和田间工程续建配套为重点，加大渠道衬砌力度，加快末级渠系节水改造，推广田间"三改两全"节水技术，彻底解决"水中旱""水边旱"和大水漫灌等问题，充分挖掘灌区粮食增产的巨大潜力。

四、加快建设高标准农田，要打好农业先进实用技术集成"组合拳"

习近平总书记指出，农业现代化首先是农业科技现代化。当今时代，信息技术正在向农业领域渗透，现代农业发展迎来新的机遇。在农业生产前、中、后各阶段充分应用信息技术创建高标准农田，发展数字农业、精准农业，潜力十分巨大。坚持藏粮于地、藏粮于技战略引导，以高标准农田为阵地，打好科技引领"组合拳"，提高粮食综合生产能力，带动农业生产方式新变革。

（一）用现代装备武装农业

主推十大农机化技术，实现粮食生产全程机械化和部分智能化，让青壮劳力安心外出务工，让留守老人轻松种粮。调整优化农机补贴目录，引导农机制造企业以市场需求为导向，积极研发实用、适用农业机械（具），更好地服务粮食生产和现代农业。落实惠农补贴政策，优先向粮油主产区和新型农业生产经营主体倾斜，对优势特色产业和重点主推技术所需的机具实行重点补贴，加大薄弱环节、丘陵山区累加补贴力度，提升补贴政策的针对性、精准性和普惠性。加快推进大荔县省级智能农机产业园建设，打造我国西部地区集智能农机研发制造、展示销售、推广培训、试验示范、农事服务为一体的全产业链智能农机产业园，引领发展智慧农业，让粮食生产更轻松便捷。

（二）用现代科技服务农业

集成应用各种粮食生产新品种新技术，实施科技增粮工程。集成推广高产、高效、可持续的农业生产技术和优良品种，将提高复种指数和粮食单产作为主攻方向，实行重大关键技术补贴，鼓励引导社会资本参与粮食生产科技创新与新技术应用。健全农情、病虫监测预防体系及技术示范推广体系。推广测土配方施肥技术。完善农业气象监测站网，开展跟踪和技术咨询服务，提高农业气象灾害防御能力。

（三）用技术体系支撑农业

按照"双首席专家＋岗位专家＋重点试验示范站＋农民合作社＋高素质农民"全产业链服务模式，完善提升小麦、玉米两个产业技术体系，示范推广高产优质品种和先进种植模式，让关中灌区小麦亩产750公斤＋玉米亩产750公斤、陕北旱作农业区春玉米亩产1000公斤以上、陕南地区水稻亩产700公斤以上等成熟技术，尽快在一些有条件的农民合作社、家庭农场落地见效，打造一批"吨半田""超吨粮田"示范样板，通过提高单产和种粮比较效益，引导农民稳定粮食面积和产量，多种粮、种好粮，为粮食安全作贡献。

（四）用现代方式改造农业

依托高标准农田建设形成的粮食生产功能区、现代农业产业园，整合项目资源，促进一二三产业融合发展，推动农产品全产业链发展。充分挖掘当地资源的价值优势，推动农业与休闲旅游、饮食民俗、文化传承、教育体验、健康养生等产业的嫁接融合，带动农家乐、乡村旅游、观赏农业的发展。培养新型农业经营主体带头人，支持鼓励农民工返乡、能人下乡创业创新，积极引导科技人才、管理人才参与农村一二三产业融合发展，在夯实产业基础上下功夫。

五、加快建设高标准农田，要通过创新体制机制添动力

（一）发挥农民合作社龙头作用

2020年，陕西省农业农村厅印发《关于支持农民合作社参与高标准农田建设有关问题的通知》，鼓励支持农民合作社和广大农户参与高标准农田建设，既解决了项目单位的用工问题，也促进了农民合作社的健康发展，为农民增收开辟了新渠道。据统计，全省有105个合作社参与高标准农田项目建设，带动3.3万贫困人口人均增收2 000元。同时，农民合作社在小麦条锈病防治中发挥了重要作用。今后，在粮食生产社会化、专业化、规范化、标准化服务方面，要更加注重发挥农民合作社的作用，让服务更便捷、让成本更优惠、让农户更满意。

（二）积极扶持适度规模经营

根据河南、江西等地经验和在省内岐山、旬邑等县调研结果，通过小块并大块，集中连片种植可增加粮食播种面积15%左右。采取鼓励激励政策，支持从事粮食种植的农民合作组织、种粮大户、家庭农场及龙头企业等独立申报实施高标准农田建设项目；同时，积极探索高标准农田建设财政补助资金形成的固定资产交由农民合作社、灌区管理单位、国有企业等新型主体持有和管护的试点。

（三）大胆创新融资模式

采取投资补助、以奖代补、财政贴息、利用政府专项债等方式支持高标准农田建设，争取亩投资标准达到3 000元左右。按照"土地流转到哪里，高标准农田就配套到哪里"的思路，引导金融和社会资本投入高标准农田建设。积极拓展投入渠道，高标准农田建设新增耕地指标经核定后，及时纳入补充耕地指标库，在满足本区域耕地占补平衡需求的情况下，可用于跨区域耕地占补平衡调剂。

（四）强化监督检查和考核结果应用

各级要建立高标准农田建设工作协调机制，强化部门分工协作和协调沟通。研究制订工作方案，逐级落实任务责任，做好自查总结。强化考核考评，并将考评结果作为下一年度分配高标准农田建设任务的重要依据。建立健全高标准农田管护机制，明确管护主体，落实管护责任，把建成的高标准农田交由村集体经济组织管理。在大中型灌区探索利用基层水管单位力量加强工程维护，发挥好用水协会等专业化组织的作用，逐步形成权责明确、主体多元、保障有力的长效管护机制。

（陕西省农业农村厅供稿）

典型经验做法

辽宁省黑土地保护"辽河模式"
在沃土上端牢中国饭碗

黑土是极其珍贵的土壤资源，其土质优良、性状好、肥力高、适宜农耕，被誉为"耕地中的大熊猫"。辽宁省黑土地位于松辽平原南端，现有耕地面积6 902万亩，其中典型黑土地约3 000万亩，主要土壤类型包括黑土、草甸土、暗棕壤、棕壤、水稻土等，主要分布在辽河平原区和东部低山丘陵区，是全省重要的优质粮和绿色农产品生产基地。但由于长期高强度利用，黑土有机质含量下降，理化性状与生态功能有所退化。

近年来，习近平总书记多次考察调研东北，都强调保护好黑土地，确保国家粮食安全。党的十九届五中全会审议通过的《中共中央关于制定国民经济和社会发展第十四个五年规划和二〇三五年远景目标的建议》要求"加强黑土地保护"；2020年中央经济工作会议提出"实施黑土地保护工程"；2020年中央农村工作会议强调"要把黑土地保护作为一件大事来抓，把黑土地用好养好"。加强黑土地保护利用，采取综合性治理措施，稳步提升黑土地基础地力，既是贯彻落实党中央要求的具体体现，也是促进农业绿色发展、确保粮食安全的基础保障。

一、辽宁省黑土地保护初见成效

为保护利用好黑土地，辽宁省认真贯彻落实习近平总书记的重要指示精神和党中央、国务院的决策部署，在省委、省政府的正确领导下，按照农业农村部关于加强黑土地保护的意见要求，强化绿色发展理念，创新保护利用机制，狠抓关键措施落实，推进黑土地保护利用并取得显著成效。2018年以来，累计争取中央财政资金3亿元，推进用地与养地相结合，采取有机肥施用、肥沃耕层构建、种植结构调整等综合措施，治理黑土地退化面积110万亩以上，黑土地内在质量和生态环境得到改善，黑土地粮食产能进一步提高。通过试点探索，实现了"三提两改"。**一是**耕地质量平均提升0.5个等级，相当于亩均增加粮食产量50公斤以上；**二是**土壤有机质含量平均提升3%以上；**三是**畜禽粪污、秸秆等有机肥资源利用率分别由65%、73%提升到75%、85%以上；**四是**土壤理化生物性状得到改善，通过深松深耕等措施，耕层厚度由18厘米增加到30厘米以上；**五是**产地环境得到改善，测土配方施肥技术覆盖率达到95%以上。同时，以解决"变瘦、变硬、变薄"等问题为导向，依托已有科研成果，针对玉米、水稻等粮食作物，将秸秆还田、积造施用有机肥、轮作培肥、深松深翻等技术措施组装配套，形成两大类5个黑土地保护利用综合"辽河模式"，并探索建立了政府主导、主体参与、示范带动、连片治理、效果评价的可复制、可推广的黑土地保护工作机制和实施方式，为下一步在更大范围内开展黑土地保护奠定了坚实基础。

（一）建立了政府主导的组织保障

坚持省级负责、县级实施的工作机制，将黑土地保护上升为政府行为。省委、省政府高度重视黑土地保护利用工作，将其列入省委1号文件和省政府工作报告考核指标，对有关部门和地方政府黑土地保护工作情况进行节点考核，推动工作落实。省政府多次召开会议研究部署黑土地保护措施，省农业农村厅成立了以主要领导为组长的推进落实机构，统筹推进黑土地保护工作。项目县（市）人民政府为项目实施第一责任主体，成立了以主要领导为组长的项目实施领导小组，召开工作推进会、协调会，部署项目任务。

主体遴选

主体公示

签订协议

具体实施

（二）构建了有效的服务机制

一是新型经营主体示范带动机制。采取竞争性遴选等方式，重点培育种植大户、家庭农场、专业合作社等新型经营主体打造黑土地保护利用集中连片示范区，发挥规模化、标准化的示范引领作用，加快技术推广应用。**二是资金统筹协调机制**。在下达项目任务时，明确要求"各地统筹利用东北黑土地保护利用、农作物秸秆综合利用、农机深松整地、畜禽粪污资源化利用等资金，推广黑土地保护利用集成技术模式"。**三是政策协同推进机制**。要求各地在落实黑土地保护利用项目区时，优先向已建成的高标准农田倾斜，充分发挥基础设施与地力培肥的双重效应。灯塔市结合畜禽粪污资源化利用政策，委托规模化养殖企业集中堆沤秸秆、畜禽粪便和施用沼渣沼液，推进有机肥到田。铁岭县将秸秆综合利用资金与黑土地保护利用配套实施，协同推进黑土地保护和利用。

（三）形成了可复制的"辽河模式"

一是建立研发团队。充分发挥教学、科研、推广等单位的技术优势，组建全省耕地质量建设专家指导组和黑土地保护科技创新团队，汇集专家智慧，集中开展黑土地保护利用技术研究和模式探索，着力破解研发生产与推广应用脱节的难题。**二是加强技术集成。**组织编制了《辽宁省东北黑土地保护利用技术指导意见》，以黑土地保护利用存在的问题为导向，加强机械化水平，以3年为周期，集成以秸秆还田为主，以施用有机肥、轮作培肥、深松深翻等为辅的黑土地保护利用"辽河模式"。针对旱田区，形成了玉米—大豆—玉米轮作秸秆还田、玉米连作隔年深翻还田和玉米连作"一翻两免"秸秆还田增施有机肥3项技术模式；针对水田区，形成了水稻留茬还田地力培肥和水稻留茬还田地力保育2项技术模式。**三是加强培训交流。**采取举办培训班、召开现场会和学习等方式，加强对基层技术人员和农民合作社等项目实施主体的培训，提高技术应用水平。

专家实地指导

（四）建立了规范的管理制度

省级切实承担起统筹协调和监管职责，把项目管理制度建设作为重要抓手，确保项目顺利推进和有效实施。**一是建立专家包县制度。**制定了专家包片指导工作方案，驻点包县提供技术指导服务，帮助项目县及时解决工作中遇到的技术困难和问题。项目县进一步对接包片指导小组，对实施主体实行一对一技术指导，确保各项措施落实到位。**二是建立定期调度制度。**印发项目调度方案，对项目实施情况进行定期调度，及时掌握任务落实、实施进度、资金使用等情况。**三是建立督促检查制度。**在关键农时季节，组织有关专家对项目实施情况开展检查指导，对进度偏慢的项目县采取电话、发函、约谈和通报等方式予以督促，强化问题整改。**四是建立验收抽查制度。**项目县组织乡镇农业站或第三方监理机构对各项措施的实施情况进行验收和抽查，利用GPS等信息化手段对秸秆还田作业面积、深度进行实时监控，确保质量符合相关标准。**五是建立绩效考评制度。**省农业农村厅与项目县（市）人民政府签订责任书，委托第三方中介机构对各项目县项目年度完成情况开展绩效评价。已建立黑土地耕地质量监测点41个，设置调查点位1 000余个，为及时掌握黑土地质量变化和科学评估项目实施成效提供支撑。

（五）形成了良好的社会氛围

一是加强媒体宣传。在关键农时季节，组织电视、报纸等新闻媒体深入黑土地采访，对各地的好经验、好做法进行总结提炼，树立一批典型样板，营造全社会关心黑土地保护的良好氛围。《人民日报》《农民日报》《辽宁日报》、辽宁广播电视台等省级以上媒体累计宣传报道黑土地保护成效20次。**二是丰富宣传方式。**在加强主流媒体宣传的同时，采取多种方式，利用发放印制技术挂图、宣传条幅、设立广告牌等形式，宣传黑土地保护重要意义、实施成效等。项目县在项目区周边醒目位置设立黑土地保护宣传牌，张贴宣传标语，扩大社会影响。**三是加强成果展示。**建设高标准黑土地保护利用集中示范区46个，发挥规模化、标准化的示范引领作用，并采取现场观摩等方式，展示技术，宣传效果，用实际成效带动周边农户。

黑土地保护宣传展示

二、面临的主要问题

（一）黑土地退化问题依然突出

由于长期高强度利用，加之土壤侵蚀，导致有机质含量下降，理化性状与生态功能退化，黑土地开始"变瘦、变薄、变硬、变黄"，严重影响农业可持续发展，威胁粮食安全。

（二）黑土地保护投入不足且覆盖面小

现有中央财政黑土地保护项目投入标准仅为90元/亩左右，据测算，达到国家要求的黑土地质量提升指标，投入标准应达500元/亩以上。目前，辽宁省仅5个县（市）实施过黑土地保护项目，占典型黑土县（17个）的29.4%；实施面积130万亩，占应实施面积（1 900万亩）的6.8%。

（三）黑土地保护科技支撑服务能力不足

目前，黑龙江省、吉林省依托中国农业科学院、中国农业大学等科研、教学单位建立了黑土地保护试验示范基地，开展黑土地保护基础科学研究、技术模式攻关和示范效果展示，为推进黑土地保护利用提供了有力支撑。但辽宁省相关试验示范和科学研究基地尚未建立，黑土地保护基础性、前沿性科研成果少，黑土地保护利用规范和标准不完善，黑土地保护信息化建设滞后，基础支撑力有待提高，已成为制约辽宁省黑土地保护工作发展的关键因素。

（四）黑土地保护法制不健全

2018年，吉林省颁布施行《吉林省黑土地保护条例》，规范了黑土地保护、监测、建设和监督管理等行为，为黑土地保护提供了法律支撑。目前，辽宁省尚未出台系统性、针对性的黑土地保护法律法规，现有的部门规章如《辽宁省耕地质量保护办法》等，权威性和强制性不够，黑土地保护长效机制尚未建立。黑土地保护多方投入、社会参与的积极性不高。农民保护黑土地的意识还未形成，缺乏对承包者和经营者黑土地保护的考核机制。

（五）黑土地保护政策协同效应发挥不够

现有的耕地地力补助、深松深耕、秸秆综合利用、畜禽粪污资源化利用、保护性耕作、有机肥替代化肥、高标准农田建设等政策均与黑土地保护相关。党中央、国务院明确要求，"探索将耕地地力补贴发放与耕地保护责任落实挂钩的机制，引导农民自觉提升耕地地力。支持有条件的地区，结合黑土保护利用，多措并举提升耕地质量"。但在实施上各项政策都是单兵作战多、统筹协调安排少，缺乏相互衔接，无法形成政策合力。

下一步，辽宁省各级党委和政府要提高政治站位，切实加强黑土地保护责任，强化保护理念，明确具体内容和评价指标，使这条红线"看得见""摸得着""能考核"；进一步严格落实粮食安全省长责任制和政府耕地保护目标责任考核要求，加大黑土地保护考核比重，压实各级政府责任。积极争取中央财政资金支持，加大省财政资金投入力度。建立省级负责、县级实施的工作机制，建立主体参与、示范带动、连片推进的实施机制，集中连片开展治理修复。整合资源力量，建立"产、学、研、推"相结合的黑土地保护科技创新和推广机制。重点解决黑土变"变瘦、变硬、变薄"的问题，持续改善黑土地内在质量和生态环境，在更大规模、更高层次上推进黑土地保护利用，夯实国家粮食安全基础。

（辽宁省农业农村厅农田建设管理处、农业发展服务中心供稿）

吉林省黑土地保护经验

保护黑土地 建设大粮仓

吉林省位于东北黑土区的核心地带，全省典型黑土区耕地面积6 900万亩，占东北典型黑土区耕地面积25%，占全省耕地面积65.8%，主要分布在26个县（市、区），是国家重要的商品粮基地。2015年以来，习近平总书记3次来吉林视察，都对黑土地保护作出重要指示。吉林省委、省政府认真贯彻落实习近平总书记重要指示精神，深入推动藏粮于地、藏粮于技战略实施，把黑土地保护作为重要抓手，综合施策，狠抓落实，黑土区耕地内在质量、设施条件和生态环境不断改善，国家粮食安全的基础不断夯实，为黑土地保护提供了行之有效的"吉林经验"。

一、深入实践示范，多措并举探索吉林治理保护之路

（一）抓立法建设，为黑土地保护保驾护航

2015年，吉林省着手起草制定《吉林省黑土地保护条例》，并设立吉林省黑土地保护日，于2018年7月1日正式实施；也是我国首部黑土地保护地方性法规，填补了黑土地保护立法方面的空白，为吉林省黑土地保护工作开展提供了科学指导和法律依据。在每年的黑土地保护日开展大规模宣传活动，不断营造全社会关注黑土地、重视黑土地、保护黑土地的良好氛围。

（二）抓项目试点，推动模式探索科技创新

2015年以来，吉林省在11个县开展了东北黑土地保护利用试点项目，试点面积280万亩。通过试点开展黑土地保护技术模式和工作方式的探索，构建了"东部固土保肥、中部提质增肥、西部改良培肥"的保护路径，探索形成秸秆覆盖还田保护性耕作、秸秆深翻还田、水肥一体化等十大黑土地保护技术模式，不断推动黑土地耕地质量持续提升。在试点项目实施中，与涉农科研院所联合开展科研创新，相关成果先后获得省级以上科技进步奖16项，其中包括4项国家科技进步二等奖；并制定了20余部黑土地相关地方标准，不断完善黑土地保护标准体系。

（三）抓监测评价，摸清黑土地质量情况

多年来，吉林省不断争取资金开展耕地质量监测体系建设，不断完善耕地质量监测网络。共建立土壤环境质量国控例行监测点1 392个，耕地质量长期定位监测点199个，土壤墒情自动监测站235个，耕地质量调查评价点1万余个。培养了一批"懂土壤、懂数据、会分析、会评价"的基层技术骨干，省、市、县三级评价人员均具备独立监测、调查、分析数据、编写监测、评价报告的能力，成为全国为数不多的能够自行开展耕地质量评价的省份，有效促进了耕地质量监测评价工作开展。通过调查评价，建立了49个标准化县域空间数据库和属性数据库，基本摸清黑土地质量情况。从2015年到2020年连续监测总体趋势看，吉林省各类耕地质量保护与提升项目发挥了较好的作用，黑土地已经基本扭转质量不断退化的趋势。从评价结果来看，吉林省耕地质量等级2019年为4.19等，比全国平均水平高出0.57等，耕地质量不断向好发展。

（四）抓典型树立，扩大黑土地保护影响

梨树县是吉林省较早开展黑土地保护的县份，与中国农业大学深度合作，探索形成了成熟、有效的黑土地保护"梨树模式"。2015年，中国农业大学和梨树县政府共同创立梨树黑土地论坛，连续多年举办，社会影响力越来越大。2020年，习近平总书记视察吉林，对"梨树模式"给予肯定，指示吉林省要认真总结和推广"梨树模式"，采取有效措施切实把黑土地这个"耕地中的大熊猫"保护好、利用好，使之永远造福人民。"梨树模式"充分宣传了吉林省黑土地保护成效，取得了更大的社会影响力。

（五）抓协调推动，不断夯实政策保障措施

为深入持久抓好黑土地保护工作，全省各部门沟通协调，不断推动相关政策落地。2019年，省农业农村厅、省发展和改革委员会、省财政厅、省自然资源厅、省生态环境厅、省水利厅共同制定了《关于落实东北黑土地保护规划纲要（2017—2030年）实施意见》，提出了到2030年，全省完成黑土地保护面积6 200万亩，土壤有机质含量提高2克/千克，黑土区耕地质量提高1个等级的中长期目标。同年，省发展与改革委员会、省农业农村厅、省生态环境厅、省能源局、省畜牧局5部门共同印发《吉林省秸秆综合利用三年行动方案（2019—2021年)》，将秸秆还田保护性耕作作为保护黑土地的重要措施。2020年，省市场监督管理厅组织筹建吉林省黑土地保护标准化技术委员会，以标准化手段助力黑土地保护工作。

二、牢记殷切嘱托，携手合力攻坚筑牢吉林大粮仓

（一）组织领导推动力度切实加大

吉林省全面启动黑土地保护工作，成立了由省委书记、省长担任双组长，省委、省政府相关领导任副组长，31个省直相关部门单位主要负责同志为成员的吉林省粮食安全工作暨黑土地保护工作领导小组。省委、省政府坚持全省"一盘棋"，将人才、资金、项目、政策等向黑土地保护聚集，理顺工作协调机制，强化对上协调和对下指导，加强工作调度督促，强化督导考核。落实好黑土地保护工作长效机制和奖惩机制，把黑土地保护工作纳入粮食安全责任制考核和乡村振兴实绩考核，实施最严格的黑土地保护目标责任制考核评价制度，压实主体责任。

（二）院省合作科技支撑不断增强

吉林省人民政府与中国科学院签订"黑土粮仓"科技会战框架协议。充分利用中国科学院科研优势、人才优势，整合省内涉农科研机构优势技术，协调推进黑土地保护科技引领、创新驱动的战略布局，打造优势互补、分工协作、互惠共赢的工作格局，共同推进科创平台建设，协同推进科创攻关，全面助力吉林省黑土地保护工作开展。

（三）院士专家智库力量有效凝聚

吉林省政府在全国聘请包括4名院士在内的27名专家学者，组建了吉林省黑土地保护专家委员会，充分发挥专家智库作用。在黑土地保护顶层设计上，充分依托院士专家优势，聚焦黑土地保护战略，针对工作开展中的难题，集思广益，高位推动国家黑土地保护政策出台和配套措施制定实施。省里制定政策，拿出专项经费，支持专家积极参与吉林黑土地保护工作，充分发挥技术

特长，解决黑土地保护技术瓶颈问题，将专业优势转化为黑土地保护工作新动能，不断发挥科技"头雁"作用，促进黑土地保护工作高质高效开展。

三、推进科技创新，综合施策开创吉林保护新路径

（一）打造科创平台，推进黑土地保护技术研发

着力推进黑土地保护与利用国家重点实验室建设，建设省级黑土地重点实验室，创建省级黑土地保护工程中心，建设黑土地研究院。加强黑土资源数量与质量演变、黑土地力培育与可持续利用、黑土区绿色与生态农业等方面研究，形成以黑土地保护与利用为核心的国家级研究平台。着力引进、培养一批高端黑土地保护研究人才，建立跨省区、跨部门和人才协作机制，加强多学科联动、多链条衔接，围绕黑土地保护政策、关键核心技术和重点装备进行联合攻关，着力研究政策短板、技术瓶颈等问题，集成组装一批针对性强、效果显著的黑土地保护技术模式，为政策决策提供支撑，不断提升黑土地保护的科技保障能力。

（二）开展基础研究，协同开展技术创新攻关

一是加强机理研究。围绕黑土地典型黑土资源质量演变和健康评估，研究黑土退化过程、黑土地面源污染、土壤养分转化和作物利用、黑土地秸秆腐解规律等机理。**二是加强技术攻关。**研发黑土地秸秆还田高效腐解和配套耕作栽培技术、坡面蓄水保土耕作和沟道治理复垦技术，构建不同生态类型区保护性耕作模式，研发现代农业生产技术体系，构建"种—菌—养"三维循环等农业模式。**三是加强装备研发。**研发超大马力动力总成技术、保护性作业机具核心耐磨部件、广域天基定位技术、智能农机具精准控制系统，形成现代智能农机成套装备，通过农机作业数据采集，形成黑土地优化农机作业决策和规范。**四是加强品种选育。**研究黑土区作物抗旱耐冷机制，作物高产高效理想群体定向调控途径，以及作物光合物质生产、贮存与调运的高效机理；筛选创制黑土保育型大豆、玉米、水稻等作物新品种，选育风沙盐碱区优质高效饲草品种。

（三）研发治理模式，遏制黑土地退化趋势

针对风沙、盐碱、酸化和过量施肥用药等因素导致黑土地生态功能退化的现状，探索良田＋良种＋良法"三位一体"高效治理技术模式，推进土壤改良、肥沃耕层构建、精准施肥用药和作物水肥高效种植，发展区域农业、草地和湿地协同保护与高效利用统筹、农—牧—渔产业结合的复合生态农业。全域化、系统化提高黑土地的粮食产能和综合效益，构建黑土区粮食安全稳定生态屏障。构建土壤侵蚀治理模式，防止黑土"变薄"；构建秸秆还田培肥利用模式，防止黑土"变瘦"；构建种养循环一体化模式，防止黑土"变硬"。构建生态农业模式，改善生物多样性；重点从黑土地保护机理、技术、装备、作物品种等方面开展攻关。

（四）探索分区施策，形成系统解决方案

综合考虑自然环境条件、种植特征及土壤退化核心问题等因素，在东部湿润山区半山区以防治农田水土流失、联动山地、流域、森林等其他生态用地综合修复农田生态，保护山水林田湖草生命共同体为核心目标；在中部半湿润区以黑土退化修复及功能提升、黑土健康与粮食丰产增效协同、种养一体化农业循环为核心目标；在西部半干旱区以苏打盐碱障碍消减与地力及产量提升、

低产旱田生态改造及资源高效利用、退化草地生产力提升与优质人工草地建设、退化盐碱湿地保育、恢复与可持续利用为核心目标。分区施策，针对性进行耕地质量提升技术集成打造，形成提升黑土地质量的系统解决方案。

（五）抓好项目实施，强化示范引领效应

一是抓好保护性耕作，推广"梨树模式"。认真总结"梨树模式"，在全省适宜区域内全面推广应用保护性耕作。**二是抓好农田建设，提升设施水平。**优先在粮食生产功能区和重要农产品保护区开展土地平整、田间道路、灌排渠道、岸坡防护、农田电网等农田综合设施建设。在产粮大县建设高标准农田示范区，引领高标准农田建设提档升级。**三是抓好改良培肥，提升耕地质量。**因地制宜实施秸秆直接还田、粉碎深翻还田等技术措施。**四是抓好水土保持，增强防护能力。**在长白山山地水源涵养减灾区、丘陵水质维护保土区、漫川漫岗土壤保持区及松嫩平原防沙农田防护区等黑土区范围内，开展以小流域为单元的综合治理工程。

黑土地是国家粮食安全的重要保障，吉林要以藏粮于地、藏粮于技战略为抓手，守好用好黑土地，筑牢粮食安全底线，不断探索更加有效的黑土地保护模式，守护吉林亿亩良田，走出一条开发与保护并举的黑土地治本之策，为我国黑土地保护继续提供宝贵经验。

（吉林省农业农村厅供稿）

广东省农田建设信息化管理经验

以图说数　一图统管

实行高标准农田建设统一上图入库、建立信息化管理机制是党中央、国务院对高标准农田建设管理工作提出的明确要求。广东省积极落实国家部署要求，把信息化工作摆在突出位置来抓，特别是机构改革以来，广东省农业农村厅立足农田建设管理事权职责统一的新起点，主动担当作为，精心打造了广东省农田建设管理信息系统，大幅提升了广东农田建设管理科学化、精细化水平，基本实现全省高标准农田建设管理"以图说数""有据可查""一图统管、一网通办"，破解了"钱投在哪？田建在哪？建了多少？"等问题，加快了广东农田建设管理"五统一"体系建设，为广东高标准农田建设一直走在全国前列提供有力支撑。

广东省农田信息化建设取得初步成效，主要得益于紧跟国家部署，致力破解监管难点，提升管理水平，并确定了实现高标全程监管的以下思路。

一、建设过程：紧跟国家决策部署

2016年中央1号文件要求大规模推进高标准农田建设，实行"统一建设标准、统一监管考核、统一上图入库"。

从2016年起，广东即对全省高标准农田建设任务和资金统筹整合，发展改革、财政、国土、农业、水利等各部门分头实施共同建设。在此基础上，结合国土部门开展的高标准农田建设项目信息化监测手段较为先进的实际，利用国土部门开发的"广东省高标准基本农田建设进展报备管理系统"和"广东省高标准基本农田建后监管系统"，将"十二五"以来财政、国土、农业等各部门牵头实施的高标准农田建设项目和其他土地整理项目全部纳入信息系统统计范围，实现信息互通共享基础上的"一张图"。

2017年3月底，广东省被列入开展农业综合开发省级管理信息系统第二批试点省份，要求在国家统一开发的标准版农业综合开发管理信息系统基础上进行本地化改造。当年4月，广东即开始部署省农业综合开发管理信息系统建设，广泛收集市县需求，在国家标准版的基础上，新增了财务管理、评审等模块，开展了全省培训和3次试运行，于2018年1月顺利完成了广东省农业综合开发省级管理信息系统本地化改造和启用。这为机构改革后农业农村部门及时全面承接高标准农田建设上图入库工作打下了坚实基础。

2018年底机构改革后，广东省农业农村厅全面承接全省高标农田上图入库工作。从2019年初开始，在"广东省农业综合开发省级管理信息系统"基础上进行二期建设，历经1年多的精心打造，于2020年3月9日，广东省农田建设管理信息系统（二期）正式启用，在全国率先实现由农业农村部门全面承接高标建设上图入库工作，正式全面完成了机构改革职能移交工作。

由于高标准农田建设信息上图入库工作涉及面广、协调面大，工作事关"五统一"体系建设。广东省农业农村厅对此高度重视，专门作出工作部署，分管副厅长多次带队赴省自然资源厅等部门协商，整合优势资源，做好系统承接。

二、建设内容：破解农田建设监管难点

高标准农田建设点多面广，经过多年建设，究竟建了多少？建在哪里？效果如何？机构改革后，广东省精心打造省农田建设管理信息系统并逐步升级改造，致力于通过信息化手段全面解决这些问题，提高高标项目监管的精准度。

（一）项目全面覆盖，实现农田建设统计"一张表"

广东省农田建设管理信息系统全面承接了原国土部门报备的"十二五"以来的历史数据、原农业综合开发历史数据，以及机构改革后新建、在建高标项目新上报数据，对任务分解、项目储备库、申报审批、组织实施、数据调度、竣工验收、项目管护、综合查询等进行全生命周期管理和实时动态管理，并要求在项目各阶段将相应资料文件作为附件上传，实现全省农田建设统计"一张表"，解决"高标准农田建设数量多少"的问题。

（二）图形统计分析，实现农田建设成果"一张图"

采用地理信息空间技术，基于统一的2000国家大地坐标系，实现高标准农田坐标与基础遥感影像、行政区划、土地利用现状等多源多部门业务空间数据的无缝套合，已集成选址合规性分析、项目排重分析、储备潜力确认等10类功能，支撑全省高标准农田的上图入库工作，直观展示高标项目状态、地块位置、形状、地类、面积等信息。接入耕地质量评价结果、农业"两区"、永久基本农田划定等数据进行综合展示分析，扩展建成位置、数量、质量、利用多维度的耕地"一张图"大数据，实现农田建设成果"一张图"，解决"高标准农田建在哪里""高标准农田质量高低"等问题。

（三）智能精准审查，确保农田建设数据质量可靠

根据高标建设上图入库管理要求，在尊重历史的前提下，广东省制定了严格精准的上图入库审查规则，明确了空间图形自身检查、内部空间关系检查、图数一致性要求检查、重复开发检查、选址符合性检查等5大类17个小类的检查规则，在高标项目储备、申报、实施、验收过程中全面执行检查，确保上图入库质量。

三、建设成效：提升农田建设管理水平

目前，广东省农田建设管理信息系统运行顺畅，上图入库工作顺利开展，有力促进广东省高标准农田建设。主要实现了"五个支撑"。

（一）支撑立项"排重"

在项目申报立项时，必须先利用系统"排重"功能进行拟建项目建设范围重叠情况审查，防止项目重叠和重复建设。

（二）支撑项目监管

对项目建设流程进行实时动态管理，通过系统进行项目储备、申报、审批，每个项目在各个阶段均须上传相应文件资料作为附件，提高了项目管理规范性。通过系统定期进行进度调度，帮助各级农建机构掌握项目进展，及时发现存在问题并进行处理解决，有效推动按时高质完成项目建设。

（三）支撑大数据分析

通过系统项目全覆盖，并和国土空间、水利规划等衔接，能清晰展示项目空间布局，开展项目地类分析，"两区"、永久基本农田叠加分析，非农建设用地占用分析以及土地用途分区分析等。

（四）支撑规划编制和项目选址

通过系统全面梳理已建高标面积和新增高标建设潜力地块，分析"两区"、永久基本农田、耕地、可调整耕地等建设潜力，为地方编制"十四五"规划提供基础数据支撑；同时，指导地方把项目落实到地块，优化建设布局。

（五）支撑和全国农田建设监测监管系统对接

广东省已通过系统完成了2019年、2020年项目信息推送以及线上调度工作，下一步将继续按国家要求定期推送相关数据，避免人工重复录入，提高工作效率和数据准确度。

四、下一步计划：实现农田建设全程监管

高标准农田建设项目面广量多、工程分散，后期管护和保护利用是确保工程设施长期发挥效益的关键。为此，2021年，广东省启动开展农建系统（三期）建设，把系统（三期）建设和线上调度工作结合起来，加强对高标建设进度、规模、利用等全过程监测监管，准确真实反映建设成效和问题。建立"互联网＋高标准农田监管"体系，将建成后高标准农田利用监管纳入系统，实现高标准项目在立项、实施、验收、管护等方面的全过程移动巡查监管。

此外，计划启动农田遥感监测管理工作，在移动巡查手段应用基础上，进一步运用航空航天遥感（RS）、北斗导航、无人机等技术手段，利用高清卫星影像图等遥感影像信息，开展天空地多手段结合有效监测，不断提升省级监管能力，为开展高标准农田工程质量管理、激励考核、绩效评价等提供更加有力的依据。一是开展新建高标设施、已建高标农田设施监测，监测新建高标项目是否按计划完成及历史高标项目设施损毁情况，提高监管效能；二是开展农田种植监测及撂荒地监测，监测粮食种植情况，为开展撂荒复耕及复耕后持续监测提供技术支撑。

（广东省农业农村厅农田建设管理处供稿）

宁夏回族自治区高效节水灌溉经验

高效节水灌溉助推农业高质量发展

宁夏回族自治区地处西北内陆,降雨稀少,水分蒸发强烈,水资源量少质差,现有耕地1 821万亩,其中灌溉面积807万亩,占总耕地面积的44.3%,农业发展严重受制于极不均衡的水资源。全区主要依靠黄河过境分配的40亿立方米水资源,农业用水占比85%以上。近几年,自治区党委、政府认真贯彻落实习近平总书记视察宁夏重要讲话精神,把发展高效节水灌溉作为破解水资源短缺瓶颈和促进农业农村经济社会发展的重要举措,持续加大政策支持、资金投入和改革创新力度,在高效节水灌溉工程建设、技术推广应用、产业融合发展等方面取得了显著成效。

一、建设情况

2018年机构改革将高标准农田(高效节水灌溉)项目建设职能纳入农业农村部门以来,自治区及各市县坚持习近平新时代中国特色社会主义思想,进一步创新发展思路,强化组织领导,压实工作责任,不断提升高效节水灌溉工程建设管理水平,高标准高质量推进工程建设,积极探索建后运行管护机制体制,主动融合产业发展,投资规模和建设规模不断实现新突破,新技术、新业态、新模式逐步兴起。通过自治区与各市县共同努力,在工程建设和运行管护方面,逐渐探索形成了"盐池经验""同心模式""原州方案",示范引领全区高效节水灌溉工程建设与运行管护,建成以喷灌、滴灌等为主要形式的高效节水灌溉区118万亩,截至2020年底,全区累计建成高效节水灌溉工程800多处,发展高效节水灌溉面积470万亩,占全区耕地总面积的25.8%,占耕地灌溉面积的58.2%,实现了工程良好运行、效益良好发挥,推动了农业高质量发展。

二、主要成效

(一)促进了农业资源配置不断优化

高效节水灌溉节约了水资源,提高了供水保证率,扩大了耕地灌溉面积,促进了水土资源优化配置。盐池县通过全面推行高效节水灌溉,推动形成了扬黄水、库井水统一调度、统一配置和定额管理,全县农田灌溉面积达46万亩,耕地灌溉面积98%实现了高效节水灌溉,亩均用水比原大水漫灌节约了57%,耕地灌溉面积比2010年增加了133%,水土资源优化配置有力推动了草畜、黄花菜等特色产业蓬勃发展。2019年起,同心县通过在西部扬黄灌区加大节水灌溉力度节约2 000万立方米农业用水指标,调配到东部下马关等区域建设高效节水灌溉区23.5万亩,充分开发利用区域气候、土壤土质等优质农业资源,支撑东部千年旱塬发展特色优势农业,玉米、马铃薯、小杂粮、黄花菜等特色产业呈现出产业化、规模化、现代化强劲发展势头,实现了以水土资源的高效利用推动农业产业高质量发展目标。高效节水灌溉项目区灌溉水利用系数全部提高到0.80以上,全区灌溉水利用系数由2010年的0.45提高到2020年的0.55，增幅22.4%。全区引黄水量由2010年的64.5亿立方米下降到2020年的58.1亿立方米，下降幅度超过10%。高效节水灌溉融合水肥一体化技术，化肥、农药施用量大幅下降。

（二）保障了农业综合生产能力明显提高

高效节水灌溉改善了生产条件。高效节水灌溉项目区农田设施基本配套，农田道路高度通达，农田林网逐步建立，耕地宜机化程度大幅提高，2020年全区主要农作物耕种收综合机械化水平达到80%，高于全国平均水平10个百分点。**高效节水灌溉增加了灌溉面积。**高效节水灌溉通过骨干和田间输水灌溉管道化建设，减少沟、渠、田埂占地，扩大耕地实际种植面积6%～8%，同时，高效节水灌溉使部分旱耕地变为灌溉农田，全区灌溉面积由2010年的745万亩增加到2019年底的892万亩，增加147万亩，其中耕地灌溉面积增加了123万亩。**高效节水灌溉提高了单产。**喷灌、滴灌等先进灌溉技术的应用推广和科学灌溉、精准灌溉、水肥一体化灌溉技术水平的不断进步，有效提升灌溉供水保证率，降低了地下水位，控制了土壤盐渍化，改善了土壤性状，项目区耕地质量比2011年提高1个等级，玉米亩均单产提高了5%～8%；宁夏菜心等蔬菜由年产2～3茬提高到年产4～5茬，亩均产量稳定在3000斤以上，提高了50%；苜蓿由原年产2茬，经高效节水灌溉催生为年产3～4茬，亩均产量由500公斤提高到1000公斤。**高效节水灌溉推动了规模化经营。**高效节水灌溉推动了水肥一体化，促进了农机农艺有效融合，并通过农村土地承包经营权有序流转，壮大了农业新型经营主体，显著提高了农业规模化、集约化、机械化水平。2020年，全区粮食产量380.5万吨，实现"十七连丰"，比2010年增加24万吨，增长6.7%，为全区粮食产能稳定提高起到了显著支撑作用。

（三）支撑了农田生态环境整体向好

同心县东部韦州、下马关、预旺等乡镇由于水资源匮乏，除原罗山脚下不足1200亩井灌区外，近50万亩旱耕地靠天吃饭、十年九旱、广种薄收，当地农民称为"撞撞田"，大部分农田耕种成本高，多年撂荒，"种了一袋子，收了一抱子，打了一帽子"是真实写照。2019年起，通过"泵站＋蓄水池＋管道"高扬远送、长藤结瓜的方式将黄河水送到了该区域，田间全面发展高效节水灌溉，使23.5万亩千年旱源变成了水浇地，不但提高了粮食产能，还从根本上改变了该区域常年荒凉的面貌，大地有了绿色，农田有了生机，农业有了希望，农民实现了增收，一处高效节水灌溉工程就是一处生态工程，23.5万亩高效节水灌溉农田就是23.5万亩生态绿洲，长效持续改善区域自然生态环境。同时，关闭罗山自然保护区20眼机井，保护了罗山自然保护区地下水资源，增强了自然保护区乃至更大区域水源涵养能力。高效节水灌溉技术的应用推广减少了农田排水，降低了地下水位，减少了化肥、农药施用量，不但降低了农业面源污染，还提高了农产品质量及安全水平。近两年，通过认真贯彻绿色理念、生态理念助推农田建设转型升级发展，自治区每一处工程都配套田间林网，新建成的118万亩高效节水灌溉项目区初步形成了乔、灌、草结合的农田防护体系，有效治理了水土流失，维护和改善了农村生态环境。

（四）推动了农业产业发展全面加快

高效节水灌溉在提高全区粮食产能的同时，有力保障了特色产业发展。高效节水灌溉工程具有高效供水、精准灌溉、水肥一体等符合现代农业需要的功能，通过自动化设备配置实现远程控制，节水、节肥、省工、增产优势明显，为自治区优势产业培育特色、保障品质、建立品牌、支撑规模发挥了"硬支撑"和"强引擎"作用。自治区供港蔬菜从无到有，从有到形成品牌、壮大规模，高效节水灌溉发挥了重要作用。目前，28万亩"宁夏菜心"全部采用高效节水灌溉，知名度和影响力不断扩大，获批农业农村部农产品地理标志产品。全区现有的210万亩蔬菜种植面积中，近160万亩为高效节水灌溉，总产值超过120亿元，宁夏已成为全国公认的优质蔬菜产区。除供港蔬菜外，盐池滩羊、固原黄牛、六盘山马铃薯、香山硒砂瓜、中宁枸杞、贺兰山东麓葡萄酒等优势特色产业蓬勃发展，这些农业特色产业的发展壮大促进了全区草畜养殖、食品加工、商业经贸、现代物流等行业发展，带动了一二三产业融合发展，2020年全区特色优势产业产值占农业总产值比重达87.4%。高效节水灌溉为自治区特色产业培育、发展、壮大发挥了基础性支撑作用。

三、主要做法与经验

（一）发展思路趋于成熟

围绕建设黄河流域生态保护和高质量发展先行区，制定了《宁夏全省域高标准农田示范区建设实施方案》。该方案提出，坚持"以水定地、以水定产"，通过建立水资源集约节约高效利用机制，在引黄灌区中小型扬水灌区、中部干旱带、南部山区库井灌区整区域推进高效节水灌溉。

"十四五"期间计划新建、改造300万亩高效节水灌溉区。目前除盐池县实现了高效节水灌溉全覆盖外，贺兰县提出了高效节水灌溉示范县建设目标，原州区提出了在该区北部扬黄灌区通过发展高效节水灌溉将原来8万亩的灌溉面积扩大到24万亩，编制了可行性研究报告，库容9 700万立方米何家沟水库水源工程即将竣工，年内将完成3万亩高效节水灌溉区。平罗县在陶乐扬水灌区规划建设30万亩高效节水灌溉区，骨干水源工程建设已经开工。

（二）建管水平稳步提高

一是坚持高位推动。自治区党委、政府高度重视高效节水灌溉工程建设，成立了政府副主席为总指挥的自治区农田水利基本建设指挥部，进行协调部署，专题研究，压实责任，强力推动。**二是坚持示范引领。**针对不同区域、不同类型耕地及水源条件，筹措资金，试点开展高效节水灌溉示范建设，覆盖自流、扬黄、库井等不同灌区，形成了可复制可推广经验。**三是切实推进项目规范化管理。**编制了《宁夏高标准农田建设管理手册》，不断健全农田建设管理制度，制定高效节水灌溉质量管理、参建单位管理制度及高标准农田建设标准。完善农田建设综合监管信息系统，加强在线监管。强化绩效考核，认真开展绩效评价，将考核结果与建设任务和资金安排挂钩，强化结果运用，实行奖优罚劣。**四是强化基层力量培训。**机构改革后，大部分县区均成立了专门机构承担高效节水灌溉工程建设管理工作任务。自治区两年来举办12期培训班，对市、县（区）管理及技术人员开展培训，培训内容覆盖规划编制、方案设计、招标投标、项目管理、安全生产、项目验收、运行管护等工作，取得了良好培训效果。

（三）技术体系持续提升

一是工程建设能力不断提高。随着工程建设的不断推进，自治区高效节水灌溉水资源引、蓄、调、供能力不断加强，规划、设计、施工、运行管理能力不断进步，加压、过滤、施肥、灌溉技术水平不断提升，新设备、新材料、新技术逐步应用推广。**二是关键技术攻关持续推进。**在推行已有的玉米、蔬菜、枸杞、葡萄等主要作物高效节水灌溉地方标准的基础上，两年来，通过立项，对黄花菜、饲用甜高粱、香菇等作物种植模式、高效节水灌溉制度、工程建设标准、水肥一体化开展试验研究，加快制定标准规程，提高技术水平和操作能力。**三是专家及第三方工程技术咨询充分利用。**自治区建立了全区统一的高标准农田及高效节水灌溉专家库，并普遍借助第三方专业工程咨询机构，对项目审查、方案论证、技术咨询、绩效评价、工程验收等环节开展咨询服务，保障了高效节水灌溉工程在设计、施工、验收及运行管理全过程中的高标准高质量。

（四）体制机制逐步建立

一是投入机制活。在自治区财政足额补助的基础上，市县财政把农田建设资金纳入年度预算。充分发挥政府投入引导和撬动作用，采取投资补助、以奖代补、财政贴息、贫困县项目资金整合等多种方式，有效引导金融、社会资本和农业新型经营主体投入高效节水灌溉建设，拓宽资金投入渠道。近两年全区高效节水灌溉工程建设和运行管理中，社会投资、整合资金年均超过3亿元，为全区高效节水灌溉提供了投入保障。**二是服务机制实。**强化区、市、县、乡四级技术服务功能，形成了农业、水利、国土部门联动的合作机制，区厅、市局、县局、乡站建立了横向联系、纵向服务体系，全覆盖、全天候指导，服务高效节水灌溉工程运行管理和维护。**三是监管机制紧。**自治区建立健全"定期调度、分析研判、通报约谈、奖优罚劣"的任务落实机制，强化项目日常监管。构建群众监督参与机制，积极引导农民、新型农业经营主体等广泛参与高效节水灌溉工程建设与监督。

（五）运管模式日臻完善

坚持因地制宜、分类指导，根据不同区域、不同水源、不同产业，探索形成了公司管理、合作管理（协会）、委托管理等高效节水灌溉管理模式，既改变了"大水漫灌"的传统，又破解了多年来高效节水灌溉"非土地流转不可"的困局，实现了高效节水灌溉工程"管得好，用得好，效益发挥得好"。**一是合作管理。**在扬黄灌区特别是在玉米种植区，推行"村党支部＋合作社（协会）＋农户"的管理模式，由村党支部牵头，合作社（协会）直接管理，农户全程监督，做到统一耕作、统一种植、统一灌水、统一施肥、统一收割，确保了高效节水灌溉工程正常运行。**二是委托管理。**在库井灌区，对联户机井、村集体机井等共用水源工程，按照"谁受益、谁管理"的原则，推行"村组＋专管人员"的管理模式，通过召开受益农户代表会议将工程运行管理委托给"能人"管理。**三是公司管理。**对于土地流转后公司或大户经营的高效节水灌溉工程由公司具体负责管理、维修。

（六）产业活力不断增强

在大力发展高效节水灌溉的同时，通过强化行政推动、政策引导、项目带动，加快适应土地流转、农业生产经营方式转变等新形势，对产业结构不断调整优化，促进农业特色优势产业健康持续发展，促进农民增产增收，不断激发高效节水农业发展新活力。在高效节水灌溉支撑下，自治区传统的草畜养殖、酿酒葡萄、中宁枸杞、马铃薯、小杂粮、硒砂瓜、玉米等特色农业产业正在不断壮大走强，黄花菜、商品苜蓿、油葵、小茴香等一大批新兴特色产业也在培育形成，各市、县（区）党委、政府主动谋划，积极争取高效节水灌溉项目，新型经营主体和公司争相申报高效节水灌溉项目，高效节水灌溉已经形成了星火燎原的态势。

（宁夏回族自治区农业农村厅农田建设管理处、
农田水利建设与开发整治中心供稿）

山西省忻州市高标准农田建设经验

以民为本主动作为 全力推进高标准农田建设

建设高标准农田是深入贯彻藏粮于地、藏粮于技战略，保障国家粮食安全，推动乡村振兴的一项重要举措。近年来，山西省忻州市各级政府及有关部门坚决执行中央和省关于高标准农田建设的决策部署，创新机制，压实责任，攻坚克难，全力推进高标准农田建设。特别是2018年机构改革后，忻州市各级农业农村部门履职尽责、积极作为，想方设法加快高标准农田建设进度，不仅较好地实现了"十三五"建设目标，而且超额完成了省下达的年度建设任务，取得了机构改革后农田建设的阶段性成效，粮食高产稳产效益亦初步显现。

一、提前谋划，高起点做好高标准农田建设规划

为做好高标准农田建设工作，始终坚持规划先行，主动作为，克服"等靠要"和"按部就班"思想，以"十二五"以来高标准农田建设评估工作为基础，高起点做好高标准农田建设规划。项目申报不再局限于"任务下达量"，项目申报与项目储备库建设相结合，提前通知有关项目县和单位，鼓励整乡、整村申报建设，随时申报随时入库，择优选择条件成熟的当年安排，不成熟的列入储备库随时对接，充分调动起县、乡、村干部积极性。同时充分发挥农业农村局对农村基本情况熟悉了解的优势，全面挖掘具有潜力的村庄，大力宣传高标准农田建设的有关政策，鼓励积极申报高标准农田建设项目。完成《忻州市高标准农田建设"十四五"规划》编制，将建设面积与重点建设内容明确到村，在"十四五"期间全市计划建设190万亩高标准农田，力争到2025年全市高标准农田达到350万亩以上。

二、以民为本，高标准设计，把好项目立项关键

一是项目区工程规划设计实行"四个结合"，即与土地流转相结合、与农业结构调整相结合、与产业发展相结合、与新农村建设相结合，使项目设计更加科学规范，进一步放大高标准农田建设效益；**二是**鼓励群众参与设计，在设计、勘测单位入场后对接具有参考价值的思路，让项目设计更加突出重点，接近实际，尽可能避免设计与现实不符的问题；**三是**在设计方案初步形成后，组织乡镇水利员、村民代表以及有关专业技术人员，对接设计，征求村民意见，释疑解惑，尽可能采纳村民意见，以农民受益、群众满意为根本，最大限度满足农户的合理需求；**四是**严格设计评审，为认真做好全市高标准农田建设项目评审工作，制定了《高标准农田建设项目评审工作方案》，成立了以市农业农村局局长为组长，分管副局长、纪检组长为副组长，相关业务科室负责人为成员的项目评审工作领导小组，负责评审的全时段全过程统筹协调。评审程序严格执行评审准备、材料审核、实地考察、现场答辩、评审意见、结果反馈、项目批复、资料归档。

三、抢抓工期，全力推动高标准农田建设项目按时完工

为争取项目早日开工建设，避免项目建设对村民正常生产造成不利影响，全市各级上下共同努力，协同推进，尽可能推动施工单位尽早入场施工，平稳建设，总的来说，就是通过想在前、干在前，随时掌控项目计划、施工进度、时间节点，加快推进各项工作；及时组建了高标准农田建设领导组，主要领导时时督促，市委、市农业农村局及各项目县等相关领导不定期到现场检查工作，通过高位推动，促进高效建设；合理叠加时间，分工协作，尽可能降低时间成本。在设计单位进入前，就初步确定项目实施地块，对接有关部门，将所需资料提前准备好；在批复公示期间，就与造价咨询、招标代理机构对接，提前开展划分标段、造价等招投标前期工作；在正式开工前，督促各县及时组织乡镇、村委开会，做好配合施工准备工作；在中标结果公示结束前，组织施工单位与乡村对接、踏勘现场，确保施工单位按时开工建设。

四、注重质量，努力打造高标准农田建设良心工程

为高质量完成建设任务，在项目实施过程中，全面推行项目建设监理制，采取监理人员全程监督，农业技术人员跟班监督，乡村干部专人监督等方式，防范了工程质量问题，遏制了伪劣工程和"豆腐渣"工程，同时对重点工程严格监督检查，做到了因地制宜抓规范，从严管理"开工""材料""工序""验收"四关。在此基础上，深入项目区进行实地督查指导，及时掌握项目建设与管理的具体情况，把工作哨卡前移到一线，变事后监督为事前指导、事中规范。此外，各项目县结合各地实际制定了《主要材料及设备备案管理办法》，采取备案与现场抽检、比对的方法，起到了较好的质量监督作用。

五、创新管理，确保项目高效率运行

一是加强监理队伍管理。监理部门专人驻守施工工地，对重点和隐蔽工程实行旁站式监理，对所有工程严把施工材料和施工质量关。同时严格按照监理大纲要求，做到资料收集与施工同步，施工过程按照监理程序做到事前审批、事中监督、事后审核。**二是加强施工队伍管理**。工程开工前，组织施工现场负责人、技术员赴已建成高标准农田建设示范区现场观摩学习，并将项目建设的相关政策、施工技术要求等汇编成册，组织施工现场监理人员、施工单位负责人、技术员、现场管理人员等进行集中培训，明确工序流程、质量标准、检查验收、资金使用、报账程序，以及安全施工、文明施工等方面要求。推行例会制度，定期或不定期召开项目建设工作例会，随时了解掌握工程进度，发现项目建设存在的问题并及时给予解决。**三是严格施工合同管理**。在项目承建合同、工程监理合同条款中，将工程质量、工程进度、施工队伍管理、安全施工等方面内容与工程结算及今后投标资格挂钩，对存在质量和进度不达要求的施工单位，采取相应措施给予处罚。

（山西省农业农村厅农田建设管理处供稿）

浙江省余杭区创新农田建管"稻香小镇"模式
建设高标准农田示范 促进农文旅综合发展

浙江省杭州市余杭区是数字经济先行区，也是农业大区，为了在推进城市化的同时守牢耕地红线和粮食生产底线、在城市居民享受快速发展红利的同时保障农民致富增收，亟待探索新型农业发展模式。近年来，该区因地制宜、创新举措，通过对余杭街道苕溪以北3万余亩永久基本农田保护区开展高标准农田示范建设，推广良种良法和数智化农田管理，实施农文旅融合发展等综合路径，打造永安"稻香小镇"模式，实现了农田建设发展、耕地质量保护和富民强村，为永久性农田保护区实现乡村振兴开辟了一条新路径。

一、坚持"良田姓粮"，打造高标准农田示范区

（一）建设提档升级，巩固产粮能力

坚持高起点规划、高标准建设，因地制宜编制高标准农田建设规划，制定农田建设规章制度和技术标准，从农田灌溉设施、田间道路、田间输配电设施和耕地质量提升等方面改造高标准农田基础设施。两年来，永安"稻香小镇"区域共实施农田改造4 000亩，改造排灌沟渠约20公里，整修机耕道路8公里。

（二）推广良种良法，优化产品质量

与浙江大学农业与生物技术学院签署战略合作协议，聘请浙江大学教授团队作为农学顾问，

永安"稻香小镇"

设立浙江大学农学院教学实习基地，引进高科技改良品种推广种植，提升亩均收益。永安村核心区试验的800亩改良品种水稻，亩均收益较上年增加1倍以上。新冠疫情期间，区农技推广中心工作人员积极对接种粮大户，做好春播、育苗、施肥等农技指导工作，落实全年耕种计划，规模化应季分片区种植水稻、蔬菜、玉米、小麦、甘蔗等农作物，最大化利用土地，确保粮食稳产增收。

（三）推进规模流转，提升综合效益

创新土地利用方式，建立科学合理的土地规模流转机制，在充分保障农户利益的基础上，综合土地质量、区域位置等因素对土地评等定级，根据等级确定土地流转价格标准，通过流转将农田资源推向农业企业、专业大户、农民专业合作社等新型种粮主体集中种植，有效提高了耕地利用率，遏制粮食生产功能区"非粮化"。区域内共有5 865户农户签订协议，已规模流转耕地3万亩，培育新型种粮主体67户，产量较规模流转之前提升12%。开发"稻香小镇"网络宣传与电子商务平台、人物自动成像等系统应用程序，提升高标准农田综合效益。

规模化种植

余杭区余杭街道办事处与浙江大学农业与生物技术学院签署战略合作协议

二、巩固"强粮于技"，打造数字农田先行区

（一）数字化种粮，链接"田间"与"指尖"

引进主粮耕、种、收环节中的新机械与新技术，推广农业领域"机器换人"，制定全程机械化、标准化、专业化的"套餐式"粮食种植、生产作业流程，提升农业自动化水平。依托"农安码"应用程序打造粮食质量监管的"指尖农业"体系，扫码即可准确掌握农产品从生产、加工、流通、仓储到销售等全过程的信息，确保粮食质量安全可追溯，有效提升了农业领域智慧监管水平。

机械化耕作

（二）一体化产销，链接"产地"与"餐桌"

依托阿里云、谷绿农品数字农业云平台及各类互联网电商资源，推动集约化订单种植，打通新零售渠道，整合"稻香小镇"公共品牌全产业链建设。举办线下峰会，开拓大宗B2B直采渠道。抢抓直播经济风口，建立网络直播公共服务中心，拓展B2C渠道。目前首批打造的1 500亩核心区块数字农业建设项目已编制采购需求，进行预公开采购流程，永安大米也已正式入驻盒马鲜生、京东、天猫等大型电商平台进行销售。

（三）产学研联动，链接"技术"与"场景"

依托"阿里以西10分钟"的区位优势，盘活街道辖区范围内存量建设用地和流转闲置民房，将其打造成农业高新技术企业及专家学者开展新型传感器、智慧农业系统等新技术产品应用的"试验田"，让新技术在场景中验证、迭代、示范，推动农业向价值链中高端攀升，促进农业结构优化。目前已有谷麦科技等6家科技公司入驻"稻香小镇"。

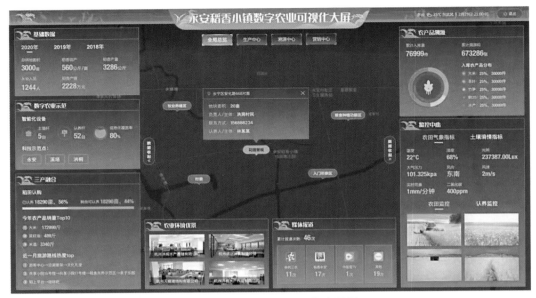

"稻香小镇"数字农业可视化大屏界面

三、聚焦"富裕农民"，打造融合发展引领区

（一）以农靓村，焕新乡村"老底子"

在永久基本农田保护区周边村庄打造"一村一品"特色农业，应季种植粮食、蔬菜和水果等作物，打造风景田园，构建全域美丽大田园。以打造城区"半小时田园风光圈"为目标，加快全域环境整治，增设基础设施配套，打造绿色生态带、网红农耕文化村。永安村新增停车场3处、公厕7座、文化礼堂1座、文化长廊80米，苕溪以北8个村先后完成美丽乡村精品村创建验收。

永安村

（二）以农乐村，激活小镇"新里子"

围绕提升乡村乐趣，焕发乡村活力，创新认养农业新模式，使小镇成为城里人心心念念的"一亩三分地"。预留土地作为"农业认养"项目基地，开发"数字稻田认养"APP，根据时长、主体，定制不同类型的5款套餐及2种认养模式，游客线上下单完成农田短期租赁，即可亲自体验作物播种、育苗、生长、收获全过程。同时，通过田间高清摄像头，"租户"也可24小时远程查看农作物的种植长势，体验种植乐趣，已有累计310亩农田被企业和个人认养。

认养仪式

（三）以农富村，鼓起农民"钱袋子"

打造"开镰节""丰收月"等特色活动品牌，建设共享小院、亲子乐园、稻鱼共养基地、酿酒体验工坊等乡村娱乐阵地，丰富环保创意秀、稻香科技艺术节、稻田婚礼、草垛乐园、稻垛集市等游玩形式，提高小镇客流量，实现农文旅融合发展。小镇共接待游客约2万人次，产生经济收入超过500万元。在乡村旅游蓬勃发展的同时，鼓励农民发展民宿、农家乐等生态经济，通过开展特色采摘、农产品DIY等体验活动，拓宽蔬果、鱼虾、家禽家畜、菜籽油等绿色农产品以及青团、粽子、年糕、米白酒等土特产的销售渠道，促进农民在"家门口"实现增收致富。

（浙江省农业农村厅农田建设管理处供稿）

湖南省桃源县高标准农田建设经验

科学规划规范管理 实现桃花源里好耕田

湖南省桃源县地处湘西北，耕地面积144.23万亩，居全省第一位，是全省粮食生产标兵县，粮食播种面积、总产量连续两年"双第一"。近年来，全县紧跟中央和省市部署，深入落实藏粮于地战略，大力推进高标准农田建设，截至2020年底累计建成高标准农田67.66万亩，2019年、2020年连续两年获省政府真抓实干激励奖励，工作经验在全省推介，多次被央视、湖南卫视、红网等媒体报道"桃花源里好耕田"。

一、统筹调度，科学规划，确保桃花源里好耕田

（一）高位推动，坚持"一把手"主抓

把高标准农田建设纳入县委、县政府重点工作范畴，坚持统筹调度，全面压实责任，强力推进高标准农田项目建设。**一是强化领导**。成立由县委书记任政委，县长任指挥长，相关乡镇（街道）、部门单位主要负责人为成员的项目建设指挥部，建立县、乡、村三级联动机制，统筹推进全县高标准农田建设工作。**二是强化调度**。县委常委会议、县政府常务会议定期专题研究，协调解决项目建设相关问题，确保项目"零障碍"推进。同时，采取通报、约谈等方式督促项目加快实施。**三是强化责任**。县委书记对农田建设总体规划把关，县长亲自督导工程建设质量，分管县级领导一线督导工作，农业农村部门班子成员联点包村，形成"一级抓一级、层层抓落实"的良好氛围。

（二）优先产粮，坚持"一条线"贯穿

始终把保障粮食安全放在首位，建立健全激励约束机制，支持高标准农田主要用于粮食生产，打稳筑牢粮食生产基础。**一是优先布局**。综合考虑地理资源、水土环境、栽培条件、粮食生产潜力优势等因素，高标准农田建设选址优先向主要粮食生产功能区倾斜，做到提前布局、率先实施。**二是优先投入**。加大资金投入，在种粮大户等新型经营主体较为集中的乡镇，大力推广集中育秧、高档优质稻栽培等良种良法，着力打造粮食高效高产连片综合示范区。2020年，全县集中投入项目资金5 500万元，建成3万余亩粮食高效高产连片综合示范区。**三是优先调整**。强化改种扩种，引导种粮大户，采取"稻—油""稻—稻—油"等种植模式，将流转后的高标准农田主要用于粮食生产。指导项目区农户，将苗木改种为大豆，将零散的茶树、果树等多年生作物田块调整归并为大田，用于粮油生产。2020年，全县新增粮食播种面积3 000余亩。

（三）资金保障，坚持"一盘棋"推进

积极探索县财政本级优先保障、涉农资金重点支持、社会资本参与的多元投资模式。**一是本级财政配套出一点**。每年年初，在省农业农村厅任务下达后，县政府常务会议专题研究，按下达资金比例的10%予以资金配套，安排建设专项2 000万元，并明确获得省、市奖励资金的，再追加同等额度的奖励资金，新增耕地指标交易调剂收益优先用于农田建设再投入。**二是涉农项目整合投一点**。按照"乡村振

兴示范片跟着高标准农田建设示范点走"的思路,2020年整合农业农村、水利、交通、自然资源、生态环境等部门涉农项目资金2.37亿元,建成了枫树、陬市3.7万亩粮食生产高产示范片,其中核心区1.5万亩。**三是社会资本融资筹一点。**采取利用平台公司融资、盘活资产资源出让、吸引社会能人投资兴业等方式集聚资本支持高标准农田建设。2020年,桃源县通过项目资产融资2870万元反哺高标准农田建设。

二、创新机制,开拓思维,探索桃花源里耕好田

(一)创新服务体系,确保有人抓

突出关键环节,推进改革创新,理顺工作机制,确保项目工程高质量完成。以机构改革为契机,将农田建设职能、人员整体转隶到农业农村局,组建农业项目建设服务中心,彻底解决"多龙治水"问题,实现管理更专业、人员更稳定、服务更高效。

(二)创新建设工艺,确保有亮点

结合精准扶贫、人居环境整治、乡村振兴示范等重点工作,广泛运用生态植草砖、生态透水混凝土等新材料、新工艺,创建高标准人居环境整治示范片2个,农业"九要素"智能化智慧农业示范基地1000亩,卡式压顶、生物通道工艺成为全省亮点。

(三)创新技术手段,确保有效益

围绕打造高标准、高效益粮食核心产区,充分运用耕地治理、节水灌溉、绿色防控、智慧农业等集成技术手段,全面提升高标准农田建设质量,助力粮食种植绿色化、标准化、智能化。重点在7个高标准农田建设乡镇同步推广节水灌溉4600亩、开展绿色防控4万亩、建设智慧农业示范片1万亩。

三、强化激励,规范管理,推动桃花源里田耕好

(一)严立规矩,加强制度建设

主要实行4项制度,即**责任包干制**,推行农业农村局班子联乡镇、业务股室包项目区、业务人员包标段的责任包干制度,在项目集中施工期,采取一周一调度、一月一通报,项目建设进度、质量与干部绩效考核直接挂钩;**第三方巡查制**,通过政府采购确定具有专业资质的第三方机构对项目进行全程跟踪考评;**工程质量进度排名制**,每月对排名后三位的项目负责人进行约谈;**建后管护奖补制**,与项目所在乡镇签订协议,加强建后管护,每年拿出50万元管护经费对管护得力的乡镇进行奖补。

(二)严审监督,加强资金管理

严格按照《桃源县高标准农田建设资金管理办法》,将项目纳入财政资金重点审计范畴,全程开展跟踪审计和绩效评价,做到专账管理、专款专用,严禁套取、挤占项目资金等违规行为,防控廉政风险,确保项目、资金、队伍安全。严格按进度拨款,通过专户打卡发放农民工工资,确保农民工工资及时到位。

(三)严格考核,加强督查激励

对有高标准农田建设任务的乡镇,与全县农业农村工作绩效考评挂钩,项目实施期间不定期开展督查,年度评选2个实施高标准农田建设先进乡镇予以奖励表彰。

(湖南省农业农村厅农田建设与农垦处供稿)

甘肃省张掖市高标准农田建设经验

持续开展高标准农田建设
为粮食安全和重要农产品有效供给提供支撑

　　高标准农田建设是实现藏粮于地、藏粮于技战略的关键性举措。张掖市光热资源丰富、地势相对平坦、灌溉条件便利、适宜土地规模化开发利用。近年来，张掖市认真贯彻习近平总书记重要指示精神，坚持把高标准农田建设作为实施乡村振兴战略、提升农业综合生产能力、保障国家粮食安全、促进农村土地制度改革、推动农业高质量发展的重要抓手，以保障口粮绝对安全和重要农产品有效供给为目标，确定建设重点，扭住"小块并大块、水肥一体化、地力有提升"三项关键措施，大力推进高标准农田建设，走出了一条连片治理、综合开发、高效发展的路子。2019年、2020年全市分别承担建设任务28.8万亩、46.1万亩，占全省总任务的13%、20%，推动了现代丝路寒旱农业高质量发展，为粮食安全和重要农产品有效供给提供有力支撑。

一、加强组织领导，强力推进高标准农田建设

　　把高标准农田建设作为实施乡村振兴战略的基础性工程来抓，市县两级分别成立以政府主要负责同志任组长，党委、政府分管负责同志任副组长，各相关部门主要负责同志为成员的高标准农田建设领导小组，负责高标准农田建设的组织领导、统筹协调和推进落实，并将建设任务完成情况纳入党政领导班子重点工作考核指标体系，形成了上下联动、部门协力、共同推进的工作格局。市委常委会会议、市政府常务会议定期听取工作情况汇报，研究解决责任落实、统筹规划、项目整合、部门协作等方面的重大问题。领导小组办公室充分发挥牵头抓总、组织协调、督促检查等作用，制定任务分解方案，审核项目建设计划，安排落实区域面积，督促检查工程进度，加大规范管理力度，严格考核评价，确保项目顺利推进。

二、科学规划布局，全力提升建设和管理水平

　　紧紧围绕推动农业农村经济高质量发展目标，按照"规划先行、突出重点、集中连片、分期建设"原则，在统筹衔接土地利用总体规划、城乡建设规划、农业空间布局规划、基本农田规划的基础上，综合考虑全市"两带四区四线"乡村振兴示范建设规划和特色优势产业发展布局，科学编制实施《张掖市高标准农田建设"十四五"规划》，全市已建成高标准农田231万亩（其中高效节水灌溉面积113.49万亩），占全市耕地面积的49%。优先在粮食生产功能区、玉米和马铃薯制种基地、耕地集中连片区、标准化种植基地和乡村振兴示范带安排并实施项目，在国家级玉米制种基地实施高标准农田建设面积占比达65%。

三、加大资金投入，着力保障建设标准和质量

按照建设任务不减少、建设标准不降低、建设质量有提升的要求，建立健全"政府主导、多元投入"的资金保障机制。2019—2020年，项目共配套资金12.6亿元，亩均投入由1 228元提高到了1 665元。其中，中央财政补助资金8亿元，省级财政补助资金1.1亿元，县级财政配套资金944万元，项目区受益群众筹资投劳5 217.37万元，整合其他涉农项目资金9 581.12万元，发行政府专项债券资金2亿元。全面落实高标准农田建设质量和要求，编制《高标准农田建设工作流程图》，严格落实项目法人责任制、招标投标制、合同管理制、工程监理制和项目公示制，建立健全项目质量监管制、项目审计制、县级财政报账制等各项制度，对规划设计、建设施工、检查验收、建后管护实行全过程管理，采取专家评审、过程审计、群众监督、第三方检测、责任追究等多项措施，确保资金使用高效安全规范。

四、强化科技支撑，扭住三项关键措施

一是创新土地整理模式。针对包产到户以来长期困扰的土地碎片化难题，抓住高标准农田建设机遇，在做好土地整体统筹规划、统一群众思想认识的基础上，大力推行"小块并大块、分散变集中、零碎变连片"为主要内容的"一户一块田"模式。2020年，民乐县在群众自愿的基础上，将8个乡镇9个村的25 591亩高标准农田建设与土地承包三权分置改革相结合，积极探索"确份不确界，到册不到户"为主要内容的"一村一片田"土地整理模式，有效破解了耕地碎片化、耕作不便等问题，推进了承包经营权股份制改革、土地流转和适度规模经营，减少了劳动用工，为农业规模化生产、机械化作业、集约化经营、标准化生产、现代化管理打下了坚实的基础。**二是大力推广水肥一体化技术。**坚持把水肥一体化作为高效节水灌溉的关键措施和有效缓解水资源供需矛盾的根本途径，与高标准农田建设项目同步实施、一体推进。初步测算，应用水肥一体化后亩均节水200立方米以上、节肥20公斤以上，且节省大量人工投入，亩降本增效1 000元以上。民乐县通过积极推广应用水肥一体化技术，有效缓解了农业、工业、生态和群众生产生活争水的矛盾。新建高标准农田86%的面积推广应用水肥一体化技术，2020年全市共新增水肥一体化面积38.8万亩。精心编制、争取立项实施200万亩水肥一体化高标准农田建设项目，力争建成200万亩水肥一体化高附加值节水现代农业示范区。**三是重视耕地质量提升。**通过落实熟土剥离回填、隔挡抽槽取土，增施农家肥、有机肥和深松耕、秸秆还田、测土配方施肥等措施，显著提升高标准农田建设质量，逐步提高耕地质量等级和粮食产能。

五、完善运管机制，助力农业农村高质量发展

按照"谁受益、谁管护"原则，分层落实管护责任，积极探索规模化经营、社会化管理、专业化服务的运管长效机制，提升高标准农田综合效益，全力保障粮食绝对安全和重要农产品有效

供给。稳妥推进土地规模化经营，全市已流转的高标准农田占全部高标准农田面积达到70%以上。对高标准农田建设中新增的耕地，作为村集体资产经营，其收益主要用于高标准农田后期维护，以解决村社公益用地，化解村社培育主导产业、发展壮大集体经济无地可用的矛盾，为发展壮大集体经济、推进乡村治理提供有力支撑。2019年全市63个集体经济空壳村纳入高标准农田建设项目实施区域，通过经营新增耕地，每村年增加经营性收入5万元以上，农村集体经济基础不断夯实。按照效益优先原则，将高标准农田建设与乡村振兴、特色优势产业培育有机结合，在稳定粮食产能的基础上，大力发展区域特色产业，积极打造一批辐射带动能力较强的国家级、省级现代农业示范园区和乡村振兴示范点，落实制种玉米89.34万亩、蔬菜82万亩、马铃薯37万亩、中药材44万亩、特色小杂粮12万亩，建成供港澳蔬菜基地2.76万亩，农产品保障供给能力和市场竞争力全面提升，推动现代丝路寒旱农业实现高质量发展。

通过实施高标准农田建设项目，变山旱地为水浇地、变雨养地为河灌地、变撂荒地为高产地、变畜耕地为机耕地、变小块地为连片地、变耗水地为节水地，推动小农户、小块地粗放经营向一户一块田、一村一片地、一企一基地、订单产业田集约型农业发展，力争全市高标准农田面积"十四五"末达到480万亩以上，高标准农田占比达到88.9%以上，实现耕地面积增加5%以上和产能提高10%以上目标。

（甘肃省农业农村厅农田建设处供稿）

大 事 记

2018 年以前

　　1988年6月，国务院设立"国家土地开发建设基金"（后改为国家农业综合开发资金），并成立国家土地开发建设基金管理领导小组（后变更为国家农业综合开发领导小组），统一领导和协调农业综合开发工作。主要任务是：通过山水田林路综合治理，进行大面积中低产田改造，同时依法酌量开垦宜农荒地，确保主要农产品产量稳定增长；1994年起，加大对优质高效经济作物的扶持力度，把农业增产与农民增收有机结合；1999年起，着力加强农业基础设施和生态环境建设，提高农业特别是粮食综合生产能力，着力推进农业和农村经济结构的战略性调整，提高农业综合效益，增加农民收入；2005年起，资金安排向高标准农田建设聚焦，项目布局向粮食主产区聚焦。

　　2009年4月，国务院批准实施《全国新增1 000亿斤粮食生产能力规划（2009—2020年）》，通过改善灌溉条件，改造中低产田，选育推广优良品种，推广重大技术，提高农业机械化水平等措施，在全国800个产粮大县开展粮食生产能力建设，到2020年全国新增粮食生产能力500亿公斤。

　　2012年3月，国务院批准实施《全国土地整治规划（2011—2015年）》，提出建设旱涝保收高标准基本农田4亿亩，经整治的基本农田质量平均提高1个等级，粮食亩产增加100公斤以上，粮食安全保障能力明显增强。

　　2013年3月，国务院批准实施《国家农业综合开发高标准农田建设规划》，提出到2020年改造中低产田、建设高标准农田4亿亩，亩均粮食生产能力提高100公斤以上，完成1 575处重点中型灌区的节水配套改造。

　　2013年10月，国务院批准实施《全国高标准农田建设总体规划》，提出到2020年建成集中连片、旱涝保收的高标准农田8亿亩，其中，"十二五"期间建成4亿亩。建成的高标准农田耕地质量明显提高，亩均粮食综合生产能力提高100公斤左右，土壤有机质含量有一定程度提升，土地污染得到进一步遏制，生态环境得到进一步改善。

　　2014年6月，国家质量检验检疫总局、国家标准化管理委员会批准发布了《高标准农田建设通则》（GB/T 30600—2014）国家标准。该通则明确，高标准农田的田间基础设施占地率不高于8%；田间道路通达度不低于90%；建成后耕地质量等别应达到所在县同等自然条件下耕地的较高等别，粮食综合生产能力应有显著提高。

2016年12月，国务院批准实施《全国土地整治规划（2016—2020年）》，提出在"十二五"期间建成4亿亩高标准农田的基础上，"十三五"时期全国共同确保建成4亿亩、力争建成6亿亩高标准农田，其中通过土地整治建成2.3亿～3.1亿亩，经整治的基本农田质量平均提高1个等级，国家粮食安全基础更加巩固。

2018年

9月17日，根据2018年国务院机构改革方案，农业农村部正式组建农田建设管理司，负责高标准农田建设、耕地质量保护、农业综合开发等工作。

10月12日，为切实加强农田建设管理，重点抓好高标准农田建设，农业农村部印发《关于做好当前农田建设管理工作的通知》（农建发〔2018〕1号），对机构改革过渡期间的农田建设工作作出了部署，明确了2018年相关项目仍按现行职责和政策规定落实的原则，同时指导地方提前谋划好2019年高标准农田建设各项工作。

10月25日，农业农村部在江西省南昌市召开全国农田建设工作现场会，这是农田建设管理职能调整后第一次全国性会议。农业农村部党组副书记、副部长余欣荣出席会议并讲话，强调加快理顺农田建设工作体制机制，集中力量推进高标准农田建设。

10月30日，财政部代表中国政府与国际农业发展基金签署了国际农业发展基金贷款优势特色产业发展示范项目《贷款协定》，该项目由农业农村部负责组织地方实施，国家项目管理办公室设在农田建设管理司。

11月14日，全国冬春农田水利基本建设电视电话会议在京召开。中共中央政治局常委、国务院总理李克强作出重要批示，强调突出提升防灾抗灾减灾能力，进一步推进农田水利和重大水利工程建设。中共中央政治局委员、国务院副总理胡春华出席会议并讲话。会议总结交流各地经验做法，动员部署农田水利基本建设工作。

12月4日，中央农办主任、农业农村部党组书记、部长韩长赋在农业农村部农村改革40年专题会上作报告指出，要大规模推进高标准农田建设，确保2022年建成10亿亩高标准农田。

2019 年

2月12日，农业农村部党组副书记、副部长余欣荣在部机关召开工作调度会，听取农田建设管理司及耕地质量监测保护中心2018年工作情况及2019年工作思路汇报，并对2019年工作提出明确要求，确保完成8 000万亩高标准农田及2 000万亩高效节水灌溉建设任务。

2月26日，农业农村部办公厅印发《高标准农田建设评价激励实施办法（试行）》（农建发〔2019〕1号），以确保完成高标准农田建设目标任务，建立健全高标准农田建设管理工作评价激励机制，推动各地加快高标准农田建设。

3月18日，为落实《乡村振兴战略规划（2018—2020年）》和2019年中央1号文件要求，农业农村部印发《关于下达2019年农田建设任务的通知》（农建发〔2019〕2号），下达2019年高标准农田和高效节水灌溉等农田建设任务，以加快推进高标准农田建设各项工作，集中力量抓好高标准农田建设，巩固和提高粮食生产能力。

3月20日，农业农村部办公厅印发《关于2018年高标准农田建设综合评价结果的通报》（农办建〔2019〕4号），首次对年度高标准农田建设成效结果予以通报，对9个建设成效显著的省份予以通报表扬，对未按要求及时报送材料的6个省份予以督促，有效发挥了奖优罚劣作用。

4月6日，农业农村部印发《关于建立农田建设项目调度制度的通知》（农建发〔2019〕3号），建立该制度旨在及时掌握各地农田建设项目建设进度，强化工作督导，确保全面完成中央确定的高标准农田和高效节水灌溉建设任务。

4月17日，农业农村部党组副书记、副部长余欣荣主持召开高标准农田建设工作专题研讨会，研讨关于扎实推进高标准农田建设的政策建议和新一轮高标准农田建设规划编制工作。

4月30日，财政部代表中国政府与亚洲开发银行签署利用亚洲开发银行贷款农业综合开发长江绿色生态廊道项目《贷款协定》，该项目由农业农村部负责组织地方实施，国家项目管理办公室设在农田建设管理司。

5月7日，国务院办公厅印发《关于对2018年落实有关重大政策措施真抓实干成效明显地方予以督查激励的通报》，对按时完成高标准农田建设任务且成效显著的江苏省、安徽省、江西省、河南省4省予以督查激励，并在分配2019年高标准农田建设中央财政资金时予以每省2亿元倾斜，用于高标准农田建设。

5月8日，中共中央政治局委员、国务院副总理胡春华听取农业农村部关于高标准农田建设有关情况汇报，部署相关重点工作。

5月16日，财政部、农业农村部联合印发《农田建设补助资金管理办法》（财农〔2019〕46号），以规范和加强农田建设补助资金管理，提高资金使用效益，提升农业综合生产能力。

6月3日，农业农村部办公厅印发《农业农村部办公厅关于做好2019年东北黑土地保护利用工作的通知》（农办建〔2019〕5号），指导东北4个省份8个整建制推进县（市、旗、区）和24个保护利用项目县（市、旗、农场）继续推进东北黑土地保护利用项目，对黑土地保护的建设内容、建设目标、实施方案等提出相应要求。

6月12—14日，农业农村部国家首席兽医师（官）李金祥带队，农田建设管理司负责同志与全国人大农业与农村委员会、水利部、财政部等相关人员参加，并特邀人大代表组成专题调研组赴福建省龙岩市开展农田建设专题调研。

8月27日，为规划农田建设项目管理，确保项目建设质量，实现项目预期目标，农业农村部印发《农田建设项目管理办法》（农业农村部令2019年第4号），于2019年10月1日起实施。该办法的出台，对于统一规范农田建设工作，构建农田建设管理制度体系，推进农田治理体系和治理能力现代化建设具有重要意义。

9月20日，农业农村部印发《关于开展"十二五"以来高标准农田建设评估工作的通知》（农建发〔2019〕4号），明确基本原则、评估范围、技术规范，分清理检查、统一建库、数据分析、实地核查、数据修正、综合评估六个阶段开展工作，对"十二五"以来高标准农田建设数量、质量、运行情况进行全面摸底。

11月6日，农业农村部农田建设管理司在广东省清远市召开全国设施农业用地标准座谈会，邀请自然资源部及部内相关业务司局参会，交流座谈设施农用地标准制定工作。

11月8日，农业农村部国家首席兽医师（官）李金祥出席农业农村部2019年县级农业农村部门负责人高标准农田建设培训班，以《建好管好高标准农田 牢牢端稳中国人饭碗》为题做了专题授课。

11月12日，全国冬春农田水利基本建设电视电话会议在京召开。中共中央政治局常委、国务院总理李克强作出重要批示。中共中央政治局委员、国务院副总理胡春华出席会议并讲话。会议深入学习贯彻习近平总书记重要指示精神，认真落实李克强总理重要批示要求，总结交流各地经验做法，动员部署农田水利基本建设工作。

11月13日，国务院办公厅印发《关于切实加强高标准农田建设 提升国家粮食安全保障能力的意见》，包括总体要求、构建集中统一高效的管理新体制、强化资金投入和机制创新、保障措施四部分内容，该意见的出台和实施将切实加强高标准农田建设，提升国家粮食安全保障能力。

11月18日，农业农村部办公厅印发《农田建设统计调查制度（试行）》（农办建〔2019〕7号），明确了农田建设统计调查的范围、内容、方法和步骤，旨在科学、全面、准确反映农田建设项目成效和耕地质量状况。

11月20日，为深入贯彻党中央、国务院关于加快推进高标准农田建设的决策部署，夯实粮食生产基础，确保国家粮食安全，农业农村部印发《关于下达2020年农田建设任务的通知》（农建发〔2019〕5号），以提升粮食产能为首要目标，要求优化建设布局，统筹整合资金，确保2020年新增高标准农田8 000万亩以上，同步发展高效节水灌溉面积2 000万亩，进一步夯实国家粮食安全基础。

2020 年

2月6日，农业农村部印发《2019年全国耕地质量等级情况公报》（农业农村部公报〔2020〕1号），公布了全国耕地质量总体情况和分区域的耕地质量情况。

2月27日，农业农村部办公厅印发《关于统筹做好疫情防控和高标准农田建设工作的通知》（农办建〔2020〕1号），部署全国农田建设系统积极应对新冠疫情对农田建设的影响，在严格落实分区分级差异化疫情防控措施的同时，加快推进高标准农田建设，分区分类推进高标准农田项目开工复工。

3月4日，财政部印发《关于2020年亚洲开发银行知识合作技术援助项目年度规划有关事项的通知》（财国合函〔2020〕6号），将农业农村部组织申报的"黄河流域绿色农田建设和农业高质量发展战略研究"列入2020年亚洲开发银行技术援助年度规划旗舰项目。

3月12—20日，农业农村部分片区召开5次高标准农田建设视频调度会议，对各地高标准农田建设进展情况远程调度会商，要求各地农业农村部门在严格落实分区分级差异化疫情防控措施的同时，加快高标准农田建设项目开工复工，确保完成年度任务。

4月10日，农业农村部党组成员、副部长刘焕鑫主持召开全国高标准农田建设规划修编专题会，听取规划修编阶段性工作汇报，研究部署加快推进规划修编和完善农田建设规划体系。

5月7日，中央农办副主任、农业农村部副部长韩俊主持召开专题会议，农业农村部党组成员、副部长刘焕鑫出席，审议通过《关于改革完善耕地质量保护制度的报告》并报中央农办。

5月8日，国务院办公厅印发《关于对2019年落实有关重大政策措施真抓实干成效明显地方予以督查激励的通报》，对按时完成高标准农田建设任务且成效显著的黑龙江省、江西省、山东省、河南省、广东省予以督查激励，并在分配2020年高标准农田建设中央财政资金时予以每省2亿元倾斜支持，用于高标准农田建设。

5月21日，农业农村部办公厅印发《关于2019年高标准农田建设综合评价结果的通报》（农建发〔2020〕2号），对2019年度工作成效显著的10个省份予以通报表扬，有效激发了地方开展高标准农田建设的积极性、主动性和创造性，推动高标准农田建设各项工作任务落实。

6月19日，农业农村部办公厅印发《关于做好2020年东北黑土地保护利用工作的通知》（农办建〔2020〕3号），指导东北4个省份32个项目县（市、旗、区、农场）持续推进黑土地保护利用工作，示范推广一批黑土地保护利用综合治理模式。

6月22日，农业农村部印发《关于中国农业科学院农业信息研究所国家数字种植业创新中心等5个建设项目可行性研究报告的批复》（农规发〔2020〕9号），正式批复立项"全国农田建设综合监测监管平台"，项目建成后将实现所有高标准农田建设项目上图入库和项目建设全生命周期数字化监测监管，显著提高农田建设管理质量和效率。

6月28日，农业农村部办公厅印发《关于做好2020年退化耕地治理与耕地质量等级调查评价工作的通知》（农办建〔2020〕4号），部署一批耕地酸化、盐碱化问题突出的重点县开展退化耕地治理试点，建立集中连片示范区。统筹开展县域耕地质量等级年度变更评价与补充耕地质量等级评价试点。

7月17日，农业农村部党组成员、副部长刘焕鑫主持召开专题会议，听取各有关司局对全国高标准农田建设规划的意见，研究修改完善规划。

9月7日，全国农田建设工作现场会在河南省周口市召开，农业农村部党组成员、副部长刘焕鑫出席会议并讲话，会议总结交流各地经验做法，分析研究面临的形势，部署当前及今后一段时期农田建设工作。

9月25日，农业农村部农田建设管理司在江西省南昌市召开全国耕地质量建设座谈会，围绕耕地质量建设与保护工作面临的形势、问题、任务等内容进行深入探讨。

10月15日，农业农村部农田建设管理司在广东省广州市召开全国高标准农田建设座谈会，围绕高标准农田建设质量管理办法和高标准农田上图入库技术规范，以及加快推进年度建设任务等开展研讨交流。

10月19日，国务院批准农业农村部组织申报的"黄河流域绿色农田建设和农业高质量发展项目"为我国利用亚洲开发银行贷款2020—2022年备选项目。

11月9日，农业农村部办公厅印发《关于规范统一高标准农田国家标识的通知》（农办建〔2020〕7号），明确了高标准农田国家标识使用和公示牌设立的具体要求。

11月12日，全国冬春农田水利暨高标准农田建设电视电话会议在北京召开。中共中央政治局常委、国务院总理李克强作出重要批示。中共中央政治局委员、国务院副总理胡春华出席会议并讲话。会议深入学习贯彻习近平总书记重要指示精神，认真落实李克强总理重要批示要求，总结交流各地经验做法，动员部署农田水利基本建设工作。

12月13日，农业农村部印发《关于下达2021年农田建设任务的通知》（农建发〔2020〕2号），下达2021年全国新建高标准农田1亿亩、统筹发展高效节水灌溉1 500万亩的建设任务，确保高标准农田建设质量效益明显提升。

图书在版编目（CIP）数据

农田建设发展报告. 2018—2020/农业农村部农田建设管理司编. —北京：中国农业出版社，2021.10
ISBN 978-7-109-28836-2

Ⅰ.①农…　Ⅱ.①农…　Ⅲ.①农田基本建设－研究报告－中国－2018－2020　Ⅳ.①S28

中国版本图书馆CIP数据核字（2021）第204096号

中国农业出版社出版

地址：北京市朝阳区麦子店街18号楼
邮编：100125
责任编辑：魏兆猛　史佳丽　黄　宇
版式设计：杜　然　责任校对：吴丽婷　责任印制：王　宏
印刷：北京通州皇家印刷厂
版次：2021年10月第1版
印次：2021年10月北京第1次印刷
发行：新华书店北京发行所
开本：889mm×1194mm　1/16
印张：8.25
字数：200千字
定价：95.00元